EX—LIBRIS

杨佴旻《太行五月》2011

如装画框请沿此线裁剪

大 自 然 博 物 馆  百科珍藏图鉴系列

名猫

大自然博物馆编委会　组织编写

 化学工业出版社

·北京·

图书在版编目（CIP）数据

名猫 / 大自然博物馆编委会组织编写. —北京：
化学工业出版社，2019.1
（大自然博物馆. 百科珍藏图鉴系列）
ISBN 978-7-122-33245-5

Ⅰ. ①名… Ⅱ. ①大… Ⅲ. ①猫-图集 Ⅳ.
①S829.3-64

中国版本图书馆CIP数据核字（2018）第249182号

责任编辑：邵桂林　　装帧设计：任月园　时荣麟
责任校对：王　静

出版发行：化学工业出版社（北京市东城区青年湖南街13号　邮政编码100011）
印　　装：北京东方宝隆印刷有限公司
850mm×1168mm　1/32　印张6½　字数210千字
2019年4月北京第1版第1次印刷

购书咨询：010-64518888　售后服务：010-64518899
网　　址：http://www.cip.com.cn
凡购买本书，如有缺损质量问题，本社销售中心负责调换。

定　　价：59.90元

大 自 然 博 物 馆  百科珍藏图鉴系列

编写委员会

总序

人·自然·和谐

中国幅员辽阔、地大物博，正所谓“鹰击长空，鱼翔浅底，万类霜天竞自由”。在九百六十万平方千米的土地上，有多少植物、动物、矿物、山川、河流……我们视而不知其名，睹而不解其美。

翻检图书馆藏书，很少能找到一本百科书籍，抛却学术化的枯燥讲解，以其观赏性、知识性和趣味性来调动普通大众的阅读胃口。

《大自然博物馆·百科珍藏图鉴系列》图书正是为大众所写，我们的宗旨是：

- **以生动、有趣、实用的方式普及自然科学知识；**
- **以精美的图片触动读者；**
- **以值得收藏的形式来装帧图书，全彩、铜版纸印刷。**

我们相信，本套丛书将成为家庭书架上的自然博物馆，让读者足不出户就神游四海，与花花草草、昆虫动物近距离接触，在都市生活中撕开一片自然天地，看到一抹绿色，吸到一缕清新空气。

本套丛书是开放式的，将分辑推出。

第一辑介绍观赏花卉、香草与香料、中草药、树、野菜、野花等植物及蘑菇等菌类。

第二辑介绍鸟、蝴蝶、昆虫、观赏鱼、名犬、名猫、海洋动物、哺乳动物、两栖与爬行动物和恐龙与史前生命等。

随后，我们将根据实际情况推出后续书籍。

在阅读中，我们期望您发现大自然对人类的慷慨馈赠，激发对自然的由衷热爱，自觉地保护它，合理地开发利用它，从而实现人类和自然的和谐相处，促进可持续发展。

前言

猫相当解语，我们喊它一声“猫咪！”“胖胖！”它就喵的一声。我耳聋，听不见它那细声细气的一声喵，但是我看见它一张嘴，腹部一起落，知道它是回答我的招呼。

自从来了阿咪，家中忽然热闹了。厨房里常有保姆的说话声或骂声，其对象便是阿咪。室中常有陌生的笑谈声，是送信人或邮递员在欣赏阿咪。有一个为正事而来的客人，正在侃侃而谈之时，看见阿咪姗姗而来，注意力便被吸引，不能再谈下去，甚至我问他也不回答了。

它（猫）要是高兴，能比谁都温柔可亲：用身子蹭你的腿，把脖儿伸出来要求给抓痒，或是在你写稿子的时候，跳上桌来，在纸上踩印几朵小梅花。

这三位，分别是梁实秋笔下的“白猫王子”、丰子恺笔下的阿咪和老舍笔下的爱猫。在其他文学家的笔下，猫均是陪伴人类的可爱精灵，鲁迅、季羡林、柏杨、席慕蓉、梁晓声都曾不遗笔墨地描摹它。

多一只猫，家庭就多了一位新成员。

生活在城市的高层公寓中，无论是“宅”一族、退休老人、小朋友还是白领一族，都希望有一个纯真无邪、对自己敞开心扉的好朋友，猫咪就是首选。它是治愈系动物，能带给人很多快乐。美国漫画家吉姆·戴维斯创造出来的加菲猫喜欢大量地吃、长时间地睡、看电视、在篱笆上跳舞、捉弄人、直立行走，它愤世嫉俗、脾气很坏，却风靡全世界，征服大人孩子的心。2002年出生于日本岩手县一户农民家庭的猫叔（真名叫大白）则是治愈系萌猫No.1。它大头，圆身子，喜欢眯眼，喜欢戴墨镜，喜欢顶东西，还喜欢钻进小篮子里睡大觉，它有最销魂的眼神、最淡定的表情，与它对视3秒钟，一定会会心地微笑。据说，这只萌猫曾抚慰了不少受创伤的心灵——只要猫叔还在萌，世界就会一直美好。

在本书中，你会发现：原来加菲猫的原型是异国短毛猫，猫叔则是一只不折不扣的日本田园猫（日本土猫）！在我国，流传于宋代的“狸猫换太子”中的狸猫原来是中国狸花猫，它现在有了洋名“Dragon Li”，还于2010年获得了国际爱猫联合会（The Cat Fanciers' Association，CFA）的认可——是中国唯一被认可的本土自然品种！

猫是一只可爱的小生灵，享受它的陪伴之前，最好学会欣赏它、鉴别它，了解它的习性，判断自己会不会是一位好主人。饲养它之后，又要学会照料它、养护它、训练它，让它成为最适合陪伴你和家人的猫咪。

本书收录了东西方猫种64种，既包括长毛猫和短毛猫，也涵盖纯种猫和混种猫，几乎囊括所有知名猫种，介绍其起源、形态、习性和养护要点，充分满足你的赏猫、鉴猫、养猫需求。全书图片400余幅，精美绝伦，文字讲述风趣、信息量大、知识性强，是珍藏版的猫百科读物，适于猫咪爱好者、养猫者和猫类研究与繁育工作者阅读鉴藏。

轻松阅读指南

本书详细讲述了全世界64种猫种的起源、形态、习性、养护要点等，体例规范，内容详尽。阅读前了解如下指南，有助于您获得更多实用信息。

篇章指示

猫种名称 提供中英文名称

猫种性情 性情概述

饲养难度 性情概述

猫种起源 对猫种的诞生、命名、注册等进行生动讲解

猫种形态 指导你认识和鉴别猫种

图片展示 形象说明猫种的局部特征

被毛特写 放大展示猫种的被毛情况，便于观察了解

PART 1 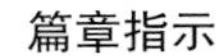 长毛猫

英国长毛猫 British Longhair cat

性情：好奇、大胆、温柔，心理素质好
养护：中等难度

相传，猫咪们是在2000多年前的古罗马帝国时期，随着恺撒大帝四处征战时传到英国的。它因捕鼠能力高超，适应能力强，渐渐演变成英国土著猫。后来，英国人在土著猫中选出美丽者进行交配繁育，最终诞生了英国长毛猫，并于1871年获得正式命名。俗话说，“好奇心害死猫”，这种猫是好奇的典型，它会探头到沙发底下，钻到花瓶里，全面检查主人的鞋子，侦查遍家中的角角落落。

我承受力强、适应力强，不会因为环境改变而大发脾气

形态 英国长毛猫体型中等，头部大且浑圆，耳朵直立，看起来十分精神。眼睛颜色因毛色而异，下巴紧实，脖颈短，四肢灵活有力。全身被毛中等长度，颈部有茂密的装饰状毛，尾巴中等长度，向尾梢渐尖。

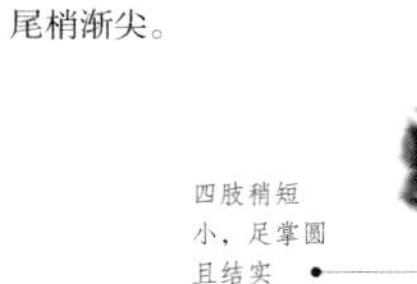
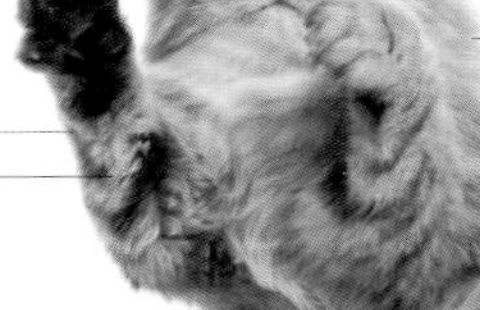

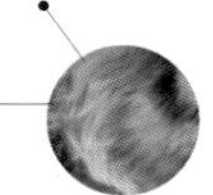

原产国：英国 | 血统：英国短毛猫×英国半长毛猫 | 起源时间：19世纪70年代

078

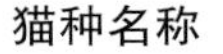

原产国 品种诞生国家　　**血统与起源时间** 方便认知其家族谱系与历史

猫种习性

对猫种习性进行详细说明，方便你了解该猫种的喜好特点、相处容易度、受训性、喜叫程度和寿命等信息

Long hair

习性 英国长毛猫有狗那样的耿耿忠心，是生活中的最佳伴侣，它喜欢跟小孩和小狗们一起玩耍，爬高上低，常爬到较高处低头瞪着圆眼睛往下看，萌得让人心醉。它是“好奇心害死猫”的典型，会探查家中的每一个角角落落，甚至钻进花瓶里去做侦查，探进沙发底下去看有无“小鼠”入侵，就连主人进门脱下的鞋子它也要去嗅一嗅。它的环境适应能力强，换了陌生处不会乱跑乱叫，乱发脾气，心理素质极佳，随遇而安。它的平均寿命为15~18岁。

猫咪档案

别名	英长
黏人程度	★★★★☆
生人友善	★★★☆☆
小孩友善	★★★★☆
动物友善	★★★★☆
喜叫程度	★½☆☆☆
运动量	★★★☆☆
可训练性	★★★☆☆
御寒能力	★★★★☆
耐热能力	★★½☆☆
掉毛情况	★★☆☆☆
城市适应性	★★★★★

品种标准

TICA FFE

养护要点

❶ 每天都要给它梳理毛发一到两次，不然毛发会打结，同时还能减轻掉毛情况。❷ 春天换毛时，它会用舌头自我清洁，吃下很多毛，所以要定期喂它吐毛球膏，及时清理肠道内的毛球，调理肠胃。❸ 它懒怠后容易发胖，影响健康，每天至少陪它做半个小时游戏，以增进感情，又利于它保持匀称的身材。

我喜欢参与每一项活动，共同分享每一件事、每一个举动、每一秒钟

体型：中等 | 体重：4~8千克 | 毛色：多种颜色和图案，有纯色、银色、烟色、斑纹和双色等

079

猫咪档案

从多个维度提供猫种心情、养护信息概览，方便你对照判断自己是否适合饲养

品种标准

介绍猫种所获的认证

养护要点

介绍猫种需要的照料和个性化的特殊养护需求

图片展示

展示猫种的自然生活照，讲解其形态或习性特点

体型、体重与毛色

概要信息

警告 本书介绍猫种知识，请对猫毛敏感者慎养，另不要让宠物与婴幼儿独处。

目录

PART 1

长毛猫

英国长毛猫

波斯猫

PART 2

短毛猫

索引

参考文献

猫科动物

猫科动物是陆地食肉动物中实力最强的一科，生活在除南极洲以外的各个大陆上。第一种猫科动物出现在大约3000万年前。当代猫科动物共分3个亚科，即猫亚科、豹亚科、猎豹亚科，共41种。人们更熟悉的家猫诞生于数千年前，和下述动物同属猫亚科。

狞猫 *Caracal caracal* ▶

分布在非洲、西亚和南亚西北部地区，栖息在干燥旷野、山区、树丛和沙漠中。体型中等，被毛颜色多种，喜小家族群居，有领地意识。奔跑速度快，跳跃能力强，以捕捉鸟类和小兽为食。

◀ **乔氏猫** *Leopardus geoffroyi*

分布于南美洲的玻利维亚、阿根廷、巴西和巴拉圭，栖息在森林和丛林中，在灌丛、密林和荒原上安家。体型似家猫，毛色有变化，具黑斑点。善爬树和游泳，掠食蜥蜴、昆虫、蛙和鱼类。

荒漠猫 *Felis bieti* ▶

分布于中国内蒙古、四川、青海、甘肃、宁夏、陕西，在荒漠、林缘、高山灌丛和草甸地带生活。体型比家猫大，尾巴长，被毛棕灰或沙黄色。主要捕食鼠类、鼠兔、旱獭、鸟类等。

◀ **薮猫** *Leptailurus serval*

分布于非洲撒哈拉以南地区，栖息在大草原和山地中，结群聚居。体型修长，被毛似豹纹。行动以垂直奔跳为主，会爬树，夜间狩猎，捕食啮齿类动物和鸟类、爬行类、昆虫、鱼和蛙等。

兔狲 *Otocolobus manul*

分布于中亚地带至西伯利亚，栖息于荒漠、草原、戈壁的岩缝或旱獭洞穴中。体型粗短，大小似家猫，被毛颜色多种。夜行性，常长时间伏卧在冻土或雪地上，伺机捕食野禽、旱獭和鼠类等。

细腰猫 *Puma yagouaroundi*

分布于墨西哥、中美和南美洲，在近流水处的低地灌木地带栖息。体型长，大小似家猫，尾巴长，似黄鼠狼；被毛颜色有黑、灰褐、棕红三种。主要捕食鱼、小型哺乳动物、爬行动物和鸟类等。

锈斑豹猫 *Prionailurus rubiginosus*

分布于印度、斯里兰卡等地，栖息于落叶林、灌丛和草丛中，喜植被茂密的多岩石地带。体型小，被毛短且整体呈灰色。多在地面捕食，奔跑速度极快，食物有啮齿类、鸟类、蜥蜴、蛙和昆虫等。

渔猫 *Prionailurus viverrinus*

分布于中南半岛、印度、孟加拉国、斯里兰卡、苏门答腊和爪哇岛，栖息于灌丛、芦苇丛和海岸常绿林中。体型比家猫略大，被毛灰黄布满斑点。喜夜行，生性凶猛，水性卓越，主要捕食鱼类。

丛林猫 *Felis chaus*

分布于亚洲中西部和中国西藏、云南等地，栖息在芦苇丛、灌丛、海岸森林、高草树林中。体型比家猫略大，被毛沙褐色或黄褐色，群居，夜间活动伏击猎食，主要吃鼠类、鸟类、鱼类等。

豹猫 *Prionailurus bengalensis*

分布于南亚和东亚，北至俄罗斯远东，南至菲律宾、印尼，栖息于热带雨林、丛林、落叶林和针叶林中。体型似家猫，被毛颜色多种且具豹斑，喜爬树，会游泳，捕食哺乳、两栖、鸟类和昆虫等。

虎猫 *Leopardus pardalis*

分布于美洲，从美国得克萨斯州至阿根廷均见，栖息在热带雨林、高山树林、灌丛、海岸红树林和半沙漠地区。体型比家猫大，被毛颜色多种且具斑纹。善游泳、爬树，喜捕食哺乳、鸟类和昆虫等。

扁头豹猫 *Prionailurus planiceps*

分布于泰国南部、马来西亚、文莱和印度尼西亚等地，栖息于热带次生林及原生林中。体型似家猫，被毛深棕色。黄昏及破晓出没，爱戏水，主要猎食青蛙、鱼类及甲壳类等。

黑足猫 *Felis nigripes*

分布于南非、纳米比亚、博茨瓦纳及津巴布韦，在戈壁、半沙漠中栖息。体型小，被毛淡棕黄色，脚底黑色。昼伏夜出，猎食鼠类、鸟类及其卵等。

我是亚洲金猫，分布在亚洲东部和南部，栖息于山岩森林中，喜捕食鸟类、蜥蜴。

家猫的起源

英国牛津大学的动物学家德里斯科尔·卡洛斯的基因研究显示，家猫的祖先是野猫，它的人工驯养起源于中东，至今已有9000多年历史。有人提出丛林猫和兔狲是家猫的祖先，但并无遗传学证据支持这种说法。从文献记载来看，公元前2500年的古埃及人就饲养家猫以控制鼠患。在航海时代，家猫被带上船只以捕鼠。

19世纪初，人们开始有意识地培育猫种，并为了展示而饲养，猫展成为盛行的社会活动。

家猫动物学分类

动物界	Animalia
脊索动物门	Chordata
脊椎动物亚门	Vertebrata
哺乳纲	Mammalia
真兽亚纲	Eutheria
食肉目	Carnivora
猫型亚目	Feliformia
猫科	Felidae
猫亚科	Felinae
猫属	*Felis*
野猫种	*F. silvestris*
猫亚种	*F. s. catus*

认识家猫

小型食肉哺乳动物，很早就开始驯养，用于捕捉田鼠和家鼠，今天作为宠物以几类不同的品种和类别存在。

克拉特猫

脊背

由头椎、胸椎、腰椎支撑，组成躯干的主体部分。当猫拱起脊背、毛发炸起时，说明它情绪紧张，此时不宜接近

尾巴

具有调整平衡的功能，便于家猫攀爬、跳跃、行走。饲养家猫时请不要习惯性地拽它的尾巴，会影响平衡能力

我的爪子十分锋利，前端呈弯钩状，有利于抓牢攀附物体

耳内饰毛

有挡风遮雨、防止灰尘进入耳道的功能，不宜修剪过短

虎斑猫

耳朵

重要的听觉器官，常竖直、斜立或呈折叠、卷曲状，宜定期洗一洗，检查耳部健康并清除耳垢

前肢

靠近头部的两条腿，下部前脚掌通常有五趾，短趾不接触地面

后肢

靠近尾部的两条腿，下部后脚掌通常有四趾

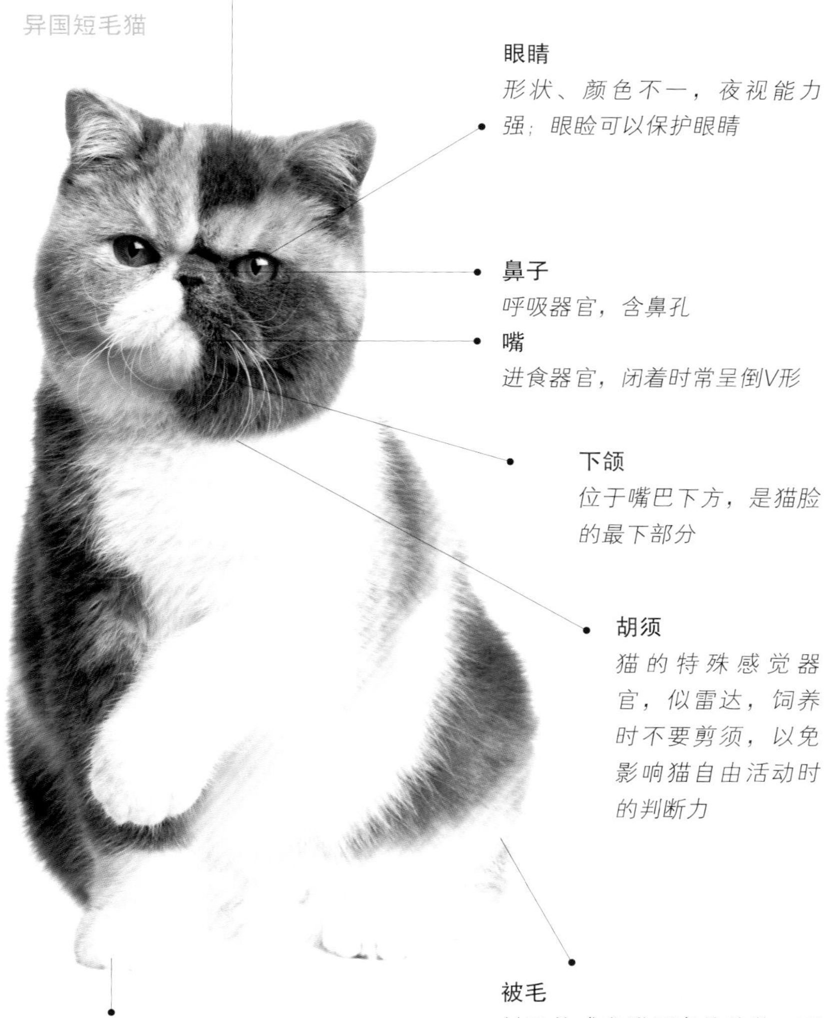
头部
含颈椎以上的所有器官，形状、大小因家猫品种而异，通常东方品种多呈倒三角形，西方品种多显得圆润
异国短毛猫
眼睛
形状、颜色不一，夜视能力强；眼睑可以保护眼睛
鼻子
呼吸器官，含鼻孔
嘴
进食器官，闭着时常呈倒V形
下颌
位于嘴巴下方，是猫脸的最下部分
胡须
猫的特殊感觉器官，似雷达，饲养时不要剪须，以免影响猫自由活动时的判断力
足垫
脚掌下带软垫，当猫从高处掉下或者跳下来的时候，四肢着地会获得缓冲
被毛
被毛构成家猫漂亮的外貌，既有长毛、中长毛、短毛、无毛之分，又有单层、双层之分。颜色、长短、单双层因猫品种而异

感官与习性

听觉

我会单耳转动

猫的听觉在五感中最敏锐。猫耳构造组合有利听取老鼠等猎物发出的高音（超声波），通常可听到对面20米远的老鼠的脚步声。它还有一项人类无法模仿的特技——两只耳朵可以分别转动，听到声音，会迅速转动位于声源方向的那只耳朵，探察周围情况，寻找声源，从而准确地判断声源的位置。

嗅觉

猫的鼻子比人类的敏锐5~10倍，常通过嗅觉来“看”周围世界，用“闻”来占有地盘（爱撒尿圈地），熟悉主人、朋友和判断食物。若猫感冒鼻塞，嗅觉失灵，它便会厌食甚至衰弱而死，因此猫感冒是一件危险的事，需要主人多加留意。

我对气味敏感，食物有好气味才愿意吃哦

触觉

猫通过被毛和皮肤来感知触压的轻重、冷热和疼痛。鼻端和脚垫也可感知温度和物体的性质、大小、形状、距离以及动感。猫的胡须似蜗牛的触角，通过空气中轻微压力的变化来识别和感知物体，作为视觉感官的补充。猫的睫毛也有类似作用。

在踢之前，先用爪子碰碰球

味觉

猫对甜味的敏感度较低，对酸味的敏感度较高。不过食物最吸引它的是气味而非味道。

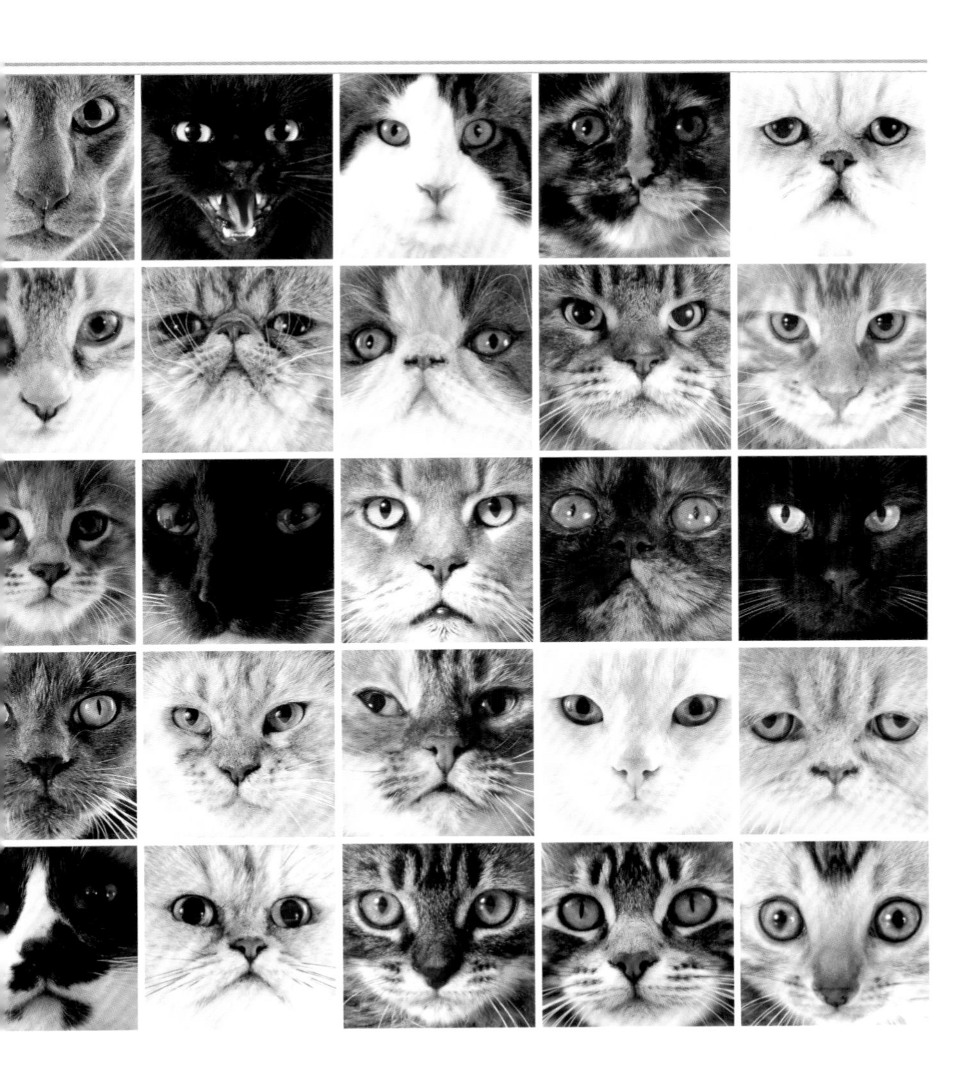

视觉

猫眼外形可以大致分为三种：圆形、倾斜形和杏仁形；颜色通常有绿色、金黄色、蓝色和古铜色等。

猫的目光敏锐，给人仿佛能洞察一切的感觉，事实上，它的视力比人类差，只能看清前方10~20米的静止物体，但对活动的物体极为敏感，哪怕距离50米以上且光线昏暗，对方只要一动，猫马上能感知到。

在昏暗的光线中，猫的瞳孔可以扩大至眼球表面的90%，仅有一点微弱的光亮就足够让它觅取猎物。因此，许多猫保持夜行性的特点。

进食

猫通过闻气味来判断食物，不喜欢就走开，不会通过舌头尝来判断。它不喜欢太冷或太热的食物，只有饥饿的猫咪才愿意吃刚从冰箱里拿出来的食物，食物温度跟室温相宜最佳

睡觉

猫爱白天睡觉，黄昏到黎明最活跃。猫咪平均每天睡眠15小时，储存跑、爬、扑、追所需的体能，睡觉时的呼噜声是假声带振动发声。

清洁

猫很爱舔毛，既清洁被毛又安抚情绪。猫便后喜欢掩盖，让人觉得它爱干净，实际上是一项遗传习惯，在原始野生时便溺易散发气味引来敌人，故需掩盖。

科学研究认为我的舔毛行为其实是想清除人和其他动物在我身上留下的气味

玩耍

爱玩是猫的天性，但孕妇、对猫毛过敏者忌与猫玩耍，婴幼儿忌单独与猫玩耍。为防止猫玩耍中的攻击性，可用声音、动作制止它，用玩具、表扬、爱抚引导它，帮它培养起好习惯。

交友

猫和主人以及家庭成员中的老人、孩子都能结成朋友，大部分对陌生人友好，跟家庭中的宠物和外边的动物也能友好相处。但初次见面时它容易情绪不安，甚至表现出攻击性，最好将它隔离开来，让它恢复平静，并慢慢熟悉、接受新朋友。

捕猎

家猫和野猫是亲缘动物，是天生的食肉动物，人工饲养后基本上是嬉戏逗乐，会捕捉鸟、老鼠甚至苍蝇等。当它炫耀“战利品”时，主人需表明厌恶态度，使之减少伤害性行为。

别怕，我不会吃你的

攀爬

猫非常善于攀爬和登高，可避免敌人追击，保护自我。因平衡系统和机体保护机制发达，它从高处跃落时不易受伤。

我是轻功大师，“飞檐走壁”数第一

猫和仔猫

春季是家猫繁殖的最佳季节，万物复苏，猫咪也富有激情和旺盛的生命力。通常，6个月的猫咪就可发情，但此时生理机能发育尚不完善，主人要严加看管，阻止它早交配。

仔猫刚出生后睁不开眼，会凭嗅觉和触觉来寻找妈妈的乳头

科学配种繁殖

交配：家猫12月龄时可配种繁殖，宜选择夜间配种，并保持环境的安静与黑暗。

一只拉邦母猫正在喂它的孩子；如果母猫产后无乳，应尽快采取人工哺乳

繁殖次数：1年繁殖两胎，交配时间宜安排在3~4月和9~10月；1年繁殖3胎，交配时间可安排在3月、7月和11月，避开炎热的8~9月，可提高仔猫的成活率。

孕期管理：母猫怀孕30天后腹部膨大，要保持安静且光线暗淡，每天2次以米粥、小鱼或肉汤等喂食母猫，每次350~400克。

分娩：母猫怀孕期为63~65天。分娩前10天，准备产箱，放置干净棉絮等细软垫物。母猫产仔后，要充足供给温水和蛋白质丰富的食物，补充维生素与矿物质添加剂，每日喂3~4次，每次约400克。

新妈妈和孩子们甜蜜地在一起，4只仔猫正幸福地吃奶；通常，母猫产后大量的营养物质通过乳汁供给了仔猫，主人应加强对母猫的饮食营养供给

仔猫养护

母猫每窝产仔3～5只，少数可达到6～8只，哺乳期50～55天。

母猫护仔：在哺乳期的前、中期，母猫寸步不离产箱，除了饮食与排泄时出去片刻。当它受到外界干扰，会衔着仔猫逃离。

仔猫发育：通常，仔猫10天能睁眼，20天能爬行，30天能走动，40天可断奶，50天活泼可爱四处撒欢。

断奶喂食：刚断奶时宜喂它猫咪专用奶粉和粥，适当添加鱼骨粉和动物性饲料。食物温度不冷不烫。

调教仔猫：首先要训练它在固定地点大小便，不可以跳到桌子上、床上，勿让它与大人共寝、与小孩过于亲密接触。

清洁与防疫：通常，仔猫6周以上才能打防疫疫苗，打疫苗前，不要给仔猫洗澡，但要从宠物医院买药给它驱虫。打完疫苗一周后才能洗澡，注意保暖。

柯尼斯卷毛猫的成长记录：从出生后数天似巴掌大，到颤颤巍巍地站直腿与兄弟姐妹一起玩耍，到长成一只成熟机灵的大猫

选猫

猫是理想的伴侣动物，优美、高贵，但在选择并考虑使它成为家庭成员时，需要考虑具体猫种的性情和习性与家庭成员的生活习惯是否相符。

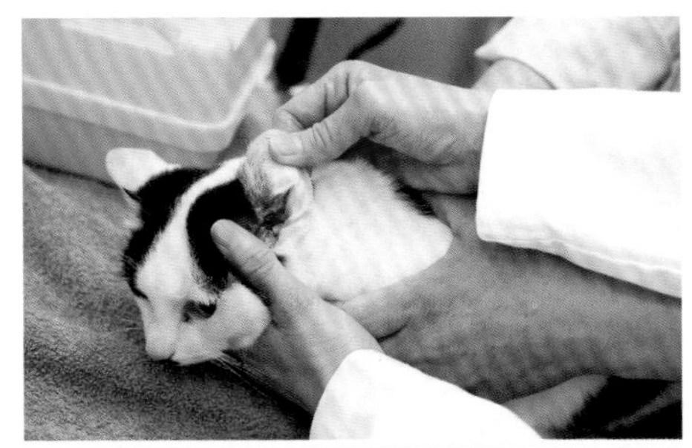

有小孩的家庭：要选择温柔、友善、喜欢孩子的猫种，外表温顺，攻击性不强，不会吓或伤害小孩。

有老人的家庭：选择活泼伶俐、顽皮好动、善解人意的猫，会给主人带来无穷乐趣，消除寂寞感。缅甸猫、喜马拉雅猫等是不错的选择。

年轻女主人：适合饲养玩偶类小猫，它们身被长毛，给人华丽、高贵的感觉，衬托女主人的气场。

繁忙男主人：适合饲养活泼但黏人程度低、容易养护的一些猫种，因为它能够帮你减压，却不会过度地打扰你。

选择小猫时，如果有机会看看它的爸爸妈妈，那是再好不过了。“有其母必有其子”，有时候，公猫和母猫携带的健康隐患会通过基因遗传给小猫

我们是相亲相爱的一家英国短毛猫

选猫要点

◎ **外观** 猫仔整洁、活泼，抱起来有沉淀感，会更健康壮实

◎ **嘴巴** 扒开嘴巴看一看，口腔不散发异臭，而且口腔、牙床和舌头呈浅红色，牙齿咬合正常

◎ **耳朵** 干净，无分泌物，没有常抓搔耳朵或甩头的表现，否则可能已感染病菌或寄生虫

◎ **鼻子** 鼻头红润具光泽，鼻尖湿润，鼻孔周围没有鼻涕或分泌物

◎ **眼睛** 清澈、明亮、炯炯有神，眼角没有分泌物

◎ **身体发育** 捏捏四肢，发现肌肉结实、肢体粗壮，行走正常，腿不弯曲或打晃

◎ **腹部** 稍圆润，摸不到肋骨，如果腹部膨大的话则有可能是患蛔虫病或腹膜炎

◎ **肛门** 肛周干净，没有污迹

◎ **被毛** 毛发直立、蓬松、富有光泽，如果毛发杂乱，光泽暗淡，则说明其健康状况不佳

◎ **精神状态** 富有生气，对人的叫声反应敏感，喜欢玩，闻到猫粮散发气味会表现出嘴馋

猫协会（部分）与品种标准

CFA	Cat Fanciers' Association
WCF	Word Cat Federation
FIFe	Fédération Internationale Féline
TICA	The International Cat Association
FFE	Feline Federation Europe
AACE	American Association of Cat Enthusiasts
ACF	Australia Cat Federation
ACFA	American Cat Fanciers Association
CAA	Cat Aficionado Association
CCA-AFC	Canadian Cat Association-Association Féline Canadienne
GCCF	Governing Council of the Cat Fancy
LOOF	Livre Official des Origines Félines
BSICS	Brazilian Shorthair International Cat Society
CCCA	Co-ordinating Cat Council of Australia
CFF	Cat Fanciers' Federation
NZCF	New Zealand Cat Fancy
SACC	Southern Africa Cat Council

一只十分精神的马恩岛猫猫仔——选猫时整体外观十分重要，会给人是否健康的第一印象

室内安家

猫窝：猫喜欢自己的窝温暖、柔和，可以选一个大的柳条筐，体积是猫个头的两倍，夏天凉爽，冬天铺上小毛毯又柔和舒适。

我正在享受出恭的闲暇时间，禁止参观哦

猫砂便盆：猫非常爱干净，给它准备一个猫砂便盆，盆足够大，盆沿不要太高，放在阳台角落或其他安静之处，避免它“出恭”时被打扰。事后要及时更换猫砂和清洗便盆。

猫爬架：猫喜欢攀爬抓挠，给它准备猫爬架、猫抓板、猫抓柱十分重要，建议购买或自制，给猫营造一块固定的活动区。

猫玩具：猫玩兴极大，对玩具也不挑剔，短棍、空线轴、皮球、报纸、空盒子等都可以成为玩具，但不要给它线团、圆形小物体和危险金属工具玩，以免发生危险。

室外安家

有庭院的家庭如果不想把猫饲养在室内，则可以在庭院中给它安个家，可以选高度适中的牢固处安置猫窝，注意窝的大小、材质的保暖性和隔热度，出入口要方便，环境要安全，并在附近固定的隐蔽位置放置猫砂盆。

一只在庭院中安家的喜马拉雅猫，生活环境极其优雅

猫粮提供

猫粮选择：优质猫粮一般营养均衡，能够保证猫咪日常对高等蛋白质及微量元素的需求，并可锻炼和清洁猫咪牙齿，具有口腔保健功效。买来后密封保存，防止受潮和腐烂变质。

猫要吃草：用于刺激肠胃，吐出毛球。可以购买猫草箱或自己播种草籽、燕麦或小麦。

注意事项：喂食适量；提供干净清水；不喂骨头等危险食物；使用猫咪专用奶粉。

禁忌食物：盐及含盐食物、火腿肠、鸡肝及其他内脏、生肉和生鱼、狗粮、高脂食品。

清洁卫生

修剪指甲：使用猫咪专用指甲钳定期给它修剪指甲，防止抓伤和抓坏物品，剪前需要爱抚猫咪，使它放松并建立信任。

梳毛：定期为猫咪梳毛，宜在室外进行，使落毛和寄生虫掉落室外。梳时先从脸颊开始，轻重适度，不伤皮肤。动作要快，防止猫咪厌烦不配合。

洗澡：定期给长毛猫洗澡，但不要过于频繁，以免流失保护油和微量元素。洗时勿用成人洗发香波。打疫苗前后勿给它洗。

其他清洁方式：猫咪的眼睛容易有分泌物，需要定期清洗；使用宠物牙膏为它刷牙；耳朵容易感染细菌和生耳垢，需要定期清洁。

玩耍与陪伴

爱抚时光：大多数猫咪不喜孤独，需要主人的关注。每天抽出一定时间陪它玩，爱抚它，将同猫咪建立深厚的感情，并使它愉悦、性情良好。

猫的地盘：在家中开辟一块猫的地盘，放上它的各种生活用品和游乐设施，将给猫咪带来很多快乐，而且还可以避免它在家中四处“造反”，到处弄得一团糟。

室外活动：多数猫并不喜欢一直待在室内，它喜欢外部风景和新鲜的空气。主人可给阳台、窗户装上细铁丝网，方便猫咪“放风”。当主人有时间时，也可以带猫咪到安全的外部环境，如花园、操场、公园等地，让它痛快地大玩一场。对于不常外出的猫咪，要采取措施防止其走失。

一只在草地上玩耍的波斯猫

防疫与疾病治疗

注射疫苗：咨询兽医，定期给猫注射狂犬疫苗和防疫其他疾病（如猫瘟病、猫流感、白血病等）的疫苗。如果被未注射狂犬疫苗的猫咪抓或咬伤，要立刻去看医生。

实施绝育手术：如果不打算让猫咪生小猫，为它做绝育手术是明智之举，同时有利于降低多种猫类疾病的发病率，延长猫咪的寿命，提高它的生活质量。

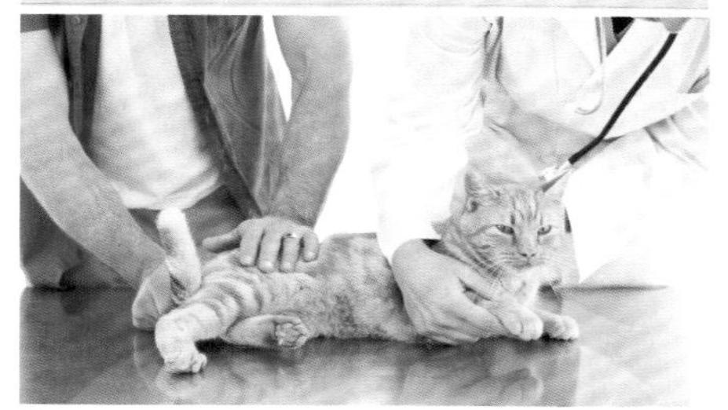

定期体检：定期送猫咪去兽医院做体检，检查其眼部、耳部以及全身多个关键部位，可以预防疾病、节省开支，利于猫咪跟家人快乐地生活在一起。

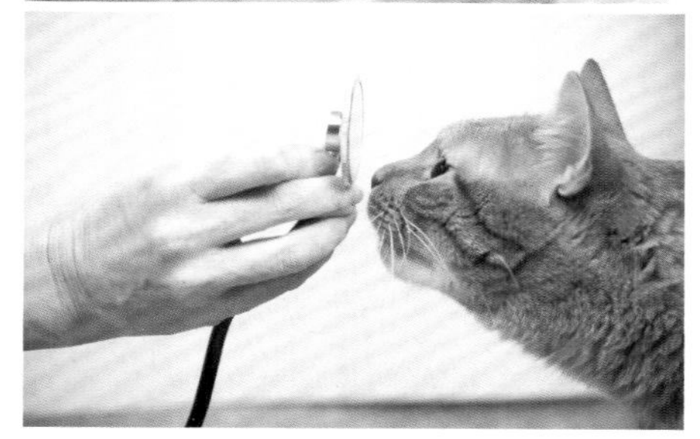

疾病治疗：猫会患感冒、呕吐、腹泻、腹膜炎、中毒、眼睛发炎、疥癣、尿道结石以及多种寄生虫病，要及时送去兽医院，以免延误病情，发生危险。

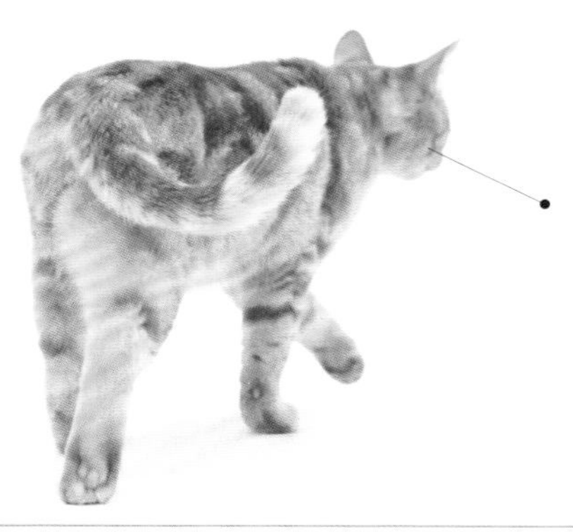

一个充满关爱心的主人会大大提升猫咪的健康指数和幸福指数，建议你平时留心观察猫咪，从其体重、被毛、眼睛、耳朵、嘴巴、牙齿、四肢、脚掌等部位初步对猫咪的健康状况做出判断，如果猫咪表现出明显的懒怠、无精打采、流眼泪甚至其他不良症状，要及时咨询兽医，寻求治疗

长毛猫

PART 1

038~087页

波斯猫 Persian cat

***性情：** 温柔、善解人意、少动好静*

***养护：** 中等难度*

波斯猫是猫咪中的“王子”或“公主”，幼仔胖胖的、圆滚滚的，长满长毛，像一团可爱的绒球；长大后被毛依然浓厚，不过高贵优雅的气质尽显，被誉为“猫中贵族”。据说，英国的维多利亚女王曾养了两只蓝色波斯猫，它们在猫展上出尽风头，令公众们十分倾慕，此后波斯猫的名气越来越大，拥趸者甚多。

▲ *在草地上玩耍的浅棕色波斯猫[illegible]仿[illegible]在驻足聆听什么，翘起的尾巴又粗又[illegible]*

形态 波斯猫经人工繁殖培育，品种和颜色越来越多。总体而言，它体型大，头部圆，脸部扁平，眼睛圆，鼻子塌，口吻短且宽，全身被毛浓密厚长，四肢粗短，尾巴大且蓬松，一派贵族范儿。

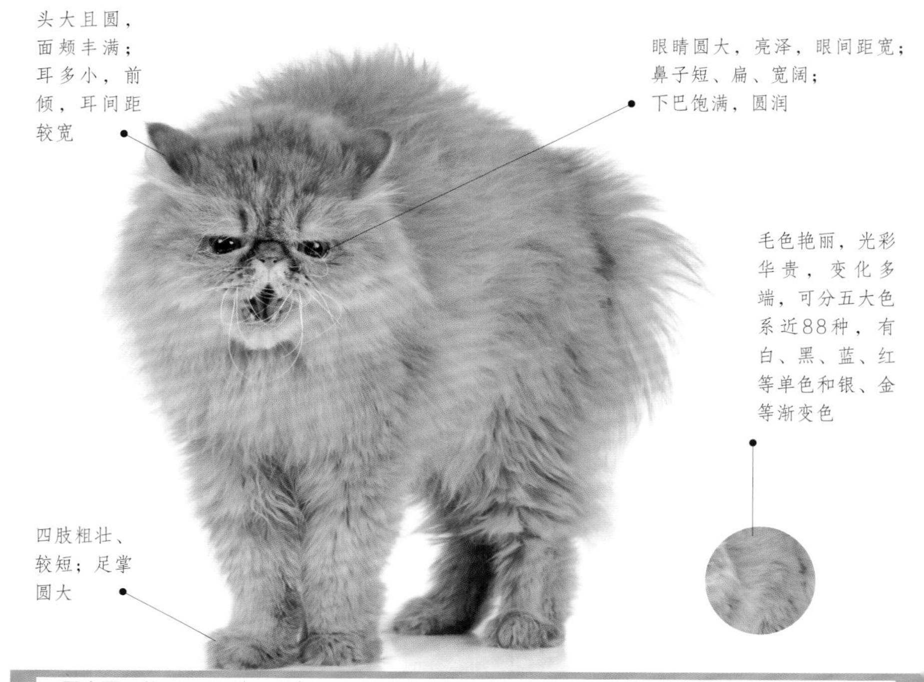
头大且圆，面颊丰满；耳多小，前倾，耳间距较宽
眼睛圆大，亮泽，眼间距宽；鼻子短、扁、宽阔；下巴饱满，圆润
毛色艳丽，光彩华贵，变化多端，可分五大色系近88种，有白、黑、蓝、红等单色和银、金等渐变色
四肢粗壮、较短；足掌圆大

原产国： 英国 | **血统：** 阿富汗土种长毛猫×土耳其安哥拉长毛猫 | **起源时间：** 19世纪60年代

习性 波斯猫是猫中的君子，温文尔雅，聪明机敏，善解人意，从来都不会让主人觉得它很烦。它善于适应环境，既能在开阔的地方生活，也能随主人一起住在公寓楼上。大部分时间它是安静、自觉的，常躺在沙发上懒懒地看着主人，既不纠缠不休也不会曲意逢迎。在炎热的夏日，它讨厌被人拥抱、抚摸，而喜欢自己睡在地板上，感受丝丝凉意。它的叫声纤细动听。家庭养护平均寿命约15岁，野外生存平均寿命约4岁。

养护要点 ❶ 经常为波斯猫护理、检查身体，如天天梳毛，使其柔顺不纠结，不会患皮肤病。❷ 定期洗澡，定时、定量、定点供食。❸ 引导它做适量运动，使其变得更强壮，增强抵抗力，延缓衰老。❹ 它的怀孕周期63~67天，怀孕初期应限制大幅度运动和奔跑以免流产。

猫咪档案

别名：长毛猫

黏人程度	★★★★★
生人友善	★★★★☆
小孩友善	★★★★☆
动物友善	★★★★★
喜叫程度	½☆☆☆☆
运动量	★½☆☆☆
可训练性	★★★½☆
御寒能力	★★★★☆
耐热能力	★½☆☆☆
掉毛情况	★★★½☆
城市适应性	★★★★★

品种标准

CFA FIFe TICA
WCF FFE AACE ACF LOOF
ACFA/CAA CCA-AFC GCCF

高贵、冷艳、神秘，举止优雅，摄心迷人，用这些词来形容我都不过分

若瞳色为蓝色和琥珀色，一般为纯种波斯猫

体型：中等 | 体重：3.5~7千克 | 毛色：白、黑、蓝、红、渐变色、烟色和虎斑色、玳瑁色

相传，公元前525年，波斯王和古埃及王在打仗。波斯王久攻古埃及的佩鲁斯城不得，损失惨重。一天，一位英俊青年求见，怀里抱着一只雪白的波斯猫：左眼绿色，右眼灰色，颈上还戴着红宝石项链。这是自己送给女儿的礼物啊，怎么到了这位青年手里？波斯王定睛一看，原来是女儿女扮男装前来。女儿是来献计的：古埃及人视猫为神灵，自己带了500只波斯猫来，在战场上丢给埃及士兵，他们定会手足无措甚至顶礼膜拜，波斯大军可趁机夺城。此计甚妙。波斯王以计行之，果然大胜。

喜马拉雅猫 Himalayan persian cat

***性情：** 温柔、善解人意、少动好静*

***养护：** 中等难度*

喜马拉雅猫跟喜马拉雅山没有关系，之所以得此名，是因为它长得极似喜马拉雅兔。

它是波斯猫与暹罗猫交配繁育的后代，集波斯猫的婀娜身姿、飘逸长毛、高贵气质和暹罗猫的重点色以及梦幻般迷人的蓝眼睛于一身，问世不久即成为艳光四射的“猫星”，受到众多粉丝们的追捧。

▲ *喜马拉雅猫走路时大尾巴总是拖在身后，既不竖起又不碰到地面*

形态 喜马拉雅猫体型中等。头部、脸颊浑圆，眼睛亦圆滚滚的，耳朵非常小，耳间距较宽，鼻子既短又扁。身躯整体显得短胖，脖颈短粗，胸部厚实宽大，背部较短，背线较平，四肢直且短粗，健壮有力。全身被毛丰厚、密集，毛发竖立。尾巴短粗，毛发肥厚。

圆眼睛大大的，略微突出，眼距稍宽，颜色越蓝越好

圆头，饱满的脸颊，小巧的耳朵和短鼻子，大眼睛，和波斯猫极为相似，又得名“重点色波斯猫”

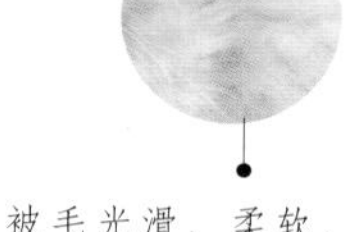

被毛光滑、柔软，似触摸丝绸，手感极佳

新生猫仔全身为短白毛，爪垫、鼻、耳皆为粉红色，几天后色点开始出现，先在耳朵处，后在鼻子、四肢和尾巴处

原产国： 英国 | **血统：** 波斯猫×暹罗猫 | **起源时间：** 1955年

习性 喜马拉雅猫反应敏捷、妩媚、聪明、优雅。它比波斯猫更活泼、好动、亲近人，但又不会像暹罗猫那样脾气暴躁。它能够跟家里的孩子和其他大部分动物友好相处，也喜欢去野外玩耍，心情愉快时爱摇尾巴。母猫发情较早，8个月就可交配产仔，公猫要到18月龄才可作种猫；为了猫仔的质量，人们仅让1岁以后的母猫繁殖，通常每窝产仔2~3只。叫声有喵喵声、咕噜声和吼叫声。寿命平均10~15岁。

养护要点 ❶ 每日梳毛1次，既可顺毛梳理，又可逆毛梳理。❷ 每周至少洗澡1次。❸ 经常用湿棉花清除眼睛部位过多的黏液，清洁眼周皮肤。❹ 修剪脚爪应从小开始，1月左右次。

猫咪档案

别名：重点色长毛猫

黏人程度	★★★★★
生人友善	★★★★½
小孩友善	★★★★½
动物友善	★★★★½
喜叫程度	★★☆☆☆
运动量	★★★☆☆
可训练性	★★★½☆
御寒能力	★★★★☆
耐热能力	★½☆☆☆
掉毛情况	★★★☆☆
城市适应性	★★★★★

我有着波斯猫的体态和长毛、暹罗猫的毛色和眼睛，并融合了二者的性情

品种标准

CFA TICA AACE

ACFA/CAA CCA-AFC

体型：中等 | 体重：3.1~5.5千克 | 毛色：常见蓝、巧克力、紫丁香色等，斑点色多种

金吉拉猫 Chinchilla cat

性情： *聪明、敏捷，少动好静，亲近人*
养护： *中等难度*

金吉拉猫又被称为“人造猫”，因为它是人工育种、经过多年精心繁育而成的特色猫种。1894年，它首次作为独立品种出现在英国水晶宫猫展上，受到爱猫人士的追捧。

金吉拉猫似猫中贵族，举止风度翩翩，全身都是浓密有光泽的毛，给人华丽高贵的感觉。

▲ *一只美丽的银灰色金吉拉猫在开满野花的草地上玩耍，瞧，它好像在聆听 什么*

形态 金吉拉猫体型中等偏大，头部看起来又大又圆；耳朵小，斜立，耳间距宽；眼睛也很圆，眼距很宽。身体柔软、浑圆，四肢较短，胸部宽厚，后背较平，肌肉发达，腿短而粗壮，爪子大、圆且结实。全身被毛长而厚，直立感强。尾巴非常粗。

两耳位置低，
跟圆形头部融成
一体
面部表情甜美，
眼睛绿色或蓝绿色
最佳
身体从肩到臀部粗细
相同，圆而结实
被毛长且厚，像
炸开一样直立于
身体，质地良
好，光泽度高

原产国：英国 | 血统：非纯种长毛猫 | 起源时间：1894年

习性 金吉拉猫善解人意，一举一动都从容优雅，自理能力强，喜欢固定的吃饭、睡觉和玩耍时间，喜欢在干净干爽的地方休息、进食，但十分厌恶洗澡。它发情期叫声很大，怀孕周期约63天。寿命平均12~15岁。

养护要点 ❶ 依照金吉拉猫的年龄、体型、活动量等喂食，多选干粮，偶尔给予湿粮；猫碗里随时备有干净的清水。❷ 每天花点时间给它做面部分泌物的清洁护理和梳毛。❸ 给它洗澡时要速战速决。❹ 金吉拉猫有非常强的自尊心，不要强迫它做不喜欢的事情，不要夏天未征得它同意就剃毛，否则它会以绝食死亡来抗争。❺ 它怀孕中后期要吃营养丰富、易于消化吸收的食物，并需要适量补钙。

猫咪档案

别名：不详

黏人程度	★★★★☆
生人友善	★★★★½
小孩友善	★★★★★
动物友善	★★★★★
喜叫程度	★★½☆☆
运动量	★★★★☆
可训练性	★★★☆☆
御寒能力	★★★★☆
耐热能力	★½☆☆☆
掉毛情况	★★★★☆
城市适应性	★★★★★

品种标准

CFA FIFe TICA

WCF FFE AACE ACF LOOF

ACFA/CAA CCA-AFC GCCF

我像皇室贵族的公主一样，温柔又高贵，十分讨人喜欢，我小时候一般天真顽皮，常运动撒欢，累了就向主人亲昵地撒娇，长大后活动量渐少，喜欢在沙发上温柔地看着主人或观察室内的动静

体型：中等偏大 | 体重：4~8千克 | 毛色：多种颜色，常见的有银白、黄金等色

土耳其安哥拉猫 Turkish angora cat

性情： *温和，活泼好动*
养护： *中等难度*

土耳其安哥拉猫是土耳其本土诞生的猫咪，是最古老的品种之一。它全身被着丝样的长毛，以白色的最为纯正。

它性格特立独行，不喜欢被人拥抱和抚摸。它还擅长夜视，如果夜晚只有微弱光线，它能靠胡须来感受周围环境，以提升判断力和行动力——哪怕只有一丝微风，它的胡须也能感知到哦！

▲ *一只土耳其安哥拉猫走到水池边，如白衣仙子般，停驻欣赏自己的倩影*

形态 土耳其安哥拉猫体型中等，身材修长。头部呈倒三角形，耳朵大且直立，眼睛大且微斜倾。背部起伏大，四肢高且细，全身被有如丝长毛。尾巴硕大，被毛长且披散，走起来十分飘逸。

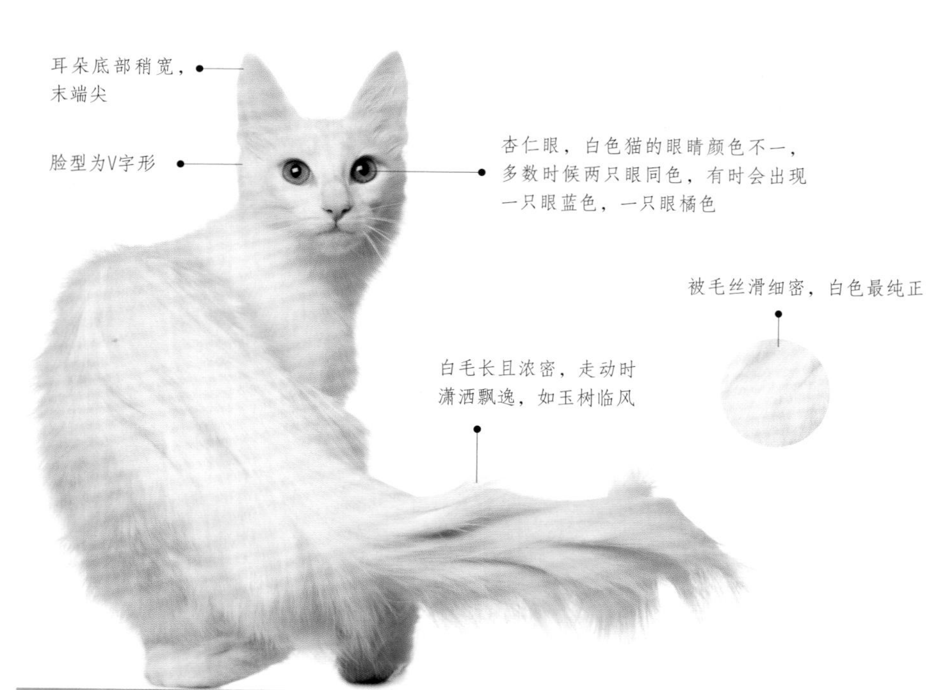
耳朵底部稍宽，末端尖
脸型为V字形
杏仁眼，白色猫的眼睛颜色不一，多数时候两只眼同色，有时会出现一只眼蓝色，一只眼橘色
被毛丝滑细密，白色最纯正
白毛长且浓密，走动时潇洒飘逸，如玉树临风

原产国：土耳其 | 血统：非纯种长毛猫 | 起源时间：15世纪

习性 土耳其安哥拉猫是一只特立独行的猫，它喜欢我行我素，不喜欢被人抚摸和拥抱。它对水有狂热的喜爱，见到小溪或浴场就走不动，常对水照影甚至干脆跳进水里畅游一番。它极其爱干净，除了洗澡还爱舔护毛皮，唾液如同强效清洁剂，却会使人类碰到后过敏。它是一只爱睡觉的猫，每日平均睡眠13~14小时，少数可达16~20小时，真是一只“睡猫”哇，黎明或傍晚时分却精神抖擞，保持着昼伏夜出的习性。它的叫声甜美响亮，十分悦耳。它的平均寿命为15岁以上。

养护要点 ❶ 土耳其安哥拉猫舔护被毛时经常容易吞下毛发，在胃中累积，主人可以适当喂些吐毛球膏。❷ 如果它被毛白色，却有不同颜色的眼睛，且有一只眼睛是蓝色，则很有可能耳聋，主人要注意。

猫咪档案

别名：安卡拉猫

黏人程度	⯪☆☆☆☆
生人友善	★★★☆☆
小孩友善	★★★★☆
动物友善	★★★★☆
喜叫程度	★★★⯪☆
运动量	★★★⯪☆
可训练性	★★★⯪☆
御寒能力	★★★★☆
耐热能力	★★⯪☆☆
掉毛情况	★★★⯪☆
城市适应性	★★★★★

品种标准

CFA FIFe TICA

ACFA/CAA CCA-AFC

趣闻

一般猫是不喜欢水的，但土耳其安哥拉猫却喜欢在浴池里或小溪中游泳，这一点很逗人喜爱。

体型：中等偏大 | 体重：3.6~5.5千克 | 毛色：有褐、红、黑、白四种毛色

土耳其安哥拉猫喜欢昼伏夜出，每天最活跃的时刻是黎明或傍晚，白天大部分时间都在懒洋洋地休息或睡觉，平均睡眠时间在13~14小时，有的甚至达到20小时。夜间则精神抖擞，大显身手捕捉老鼠或追逐求偶。

安哥拉猫 Angora cat

性情： *顽皮、友善*

养护： *中等难度*

安哥拉猫的名字来源于土耳其的安哥拉，它的祖先产于土耳其，早在17世纪时就闻名遐迩。

现在我们看到的安哥拉猫却是在英国诞生的，它是用带有长毛基因的东方短毛猫繁育出来的，最大特色是除了有浑身雪白的，还有淡紫色等多种颜色，体型苗条，几乎呈管状，十分优雅高贵。

蓝眼白猫中常会出现聋猫

在土耳其传说中，国父凯末尔（Mustafa Kemal Atatürk）逝世后将转世为一只蓝眼白猫

这叫正襟危坐吗

形态 安哥拉猫体型中等，身型修长，带有东方猫的特征。头部比土耳其安哥拉猫显得更长、更具棱角，耳朵也变得更大。颈部长度适中，身躯比例优雅协调，四肢纤细有力。被毛质感强，毛色丰富，除纯白外，还有淡紫、红、褐、黑色等多种。脚掌圆润。尾巴粗，毛茸茸的，基部和尾梢粗细相仿。

被毛如丝，相比土耳其安哥拉猫稍短一些
更尖的脸型、更大的耳朵，是我区别于土耳其安哥拉猫的重要特征
眼睛颜色有蓝色、绿色、琥珀色、金黄色、鸳鸯眼（金银色）等多种，衬着被毛颜色非常美丽

原产国： 英国 | **血统：** 东方短毛猫杂种 | **起源时间：** 20世纪60年代

习性 安哥拉猫性格很温和又活泼好动。它的日间与夜视能力相当出色，在亮处会将瞳孔缩得如线般狭小，在微弱光线下会使用胡须来提升行动力与感知能力，但它对三原色的辨识力很差。它昼伏夜出，常常在夜间捕鼠、求偶和交配。它的发情期一般是2月或8月，但并不固定。发情期间，公猫到处撒尿，母猫则在半夜狂吼乱叫，“闹猫”厉害。母猫很会生仔，一窝有4仔，小猫出生后即睁眼，顽皮可爱。它的叫声响亮，带东方猫特色。它的平均寿命为15岁以上。

养护要点 ❶ 主人要为安哥拉猫准备营养均衡的猫粮，定期清洗食盆并单独放置。❷ 及时为它做清洁工作，如梳毛、洗澡、刷牙、清洁耳朵等。❸ 定期给它打防疫针，增强其身体抵抗能力，预防疾病。

猫咪档案

别名：不详

黏人程度	⯪☆☆☆☆
生人友善	★★★☆☆
小孩友善	★★★★☆
动物友善	★★★★☆
喜叫程度	★★★⯪☆
运动量	★★★⯪☆
可训练性	★★★⯪☆
御寒能力	★★★★☆
耐热能力	★★⯪☆☆
掉毛情况	★★★⯪☆
城市适应性	★★★★★

品种标准

CFA　FIFe　TICA

ACFA/CAA　CCA-AFC

体型：中等 | 体重：3.6~5.5千克 | 毛色：多种颜色，常见的有白、淡紫、红、褐、黑等

土耳其梵猫 Turkish van cat

***性情：**聪明、活泼、机敏、友善*
***养护：**中等难度*

品质最佳的梵猫只有头部和尾部有其他颜色，其余部分皆为白色

土耳其梵猫起源于土耳其的凡湖地区。它是由土耳其安哥拉猫突变而成的，严格说是安格拉猫的一个品系。也许是继承了安哥拉猫的秉性，它非常爱嬉水，甚至会跳到浅水中去游泳，而且出水后身上的水极易甩干。当主人在温水中为梵猫洗澡时，它会像婴幼儿一样，表现出极大的快乐和兴趣。

形态 土耳其梵猫体型中等偏大，身材修长结实。头部呈宽楔形，耳大多毛，眼睛为大椭圆形，呈琥珀色，鼻子细长。它的全身除头、耳、尾部有乳黄色或浅褐色斑纹外，其他部分被毛白色，没有一根杂毛。四肢中等长度，体格结实。爪掌呈粉红色。尾巴长，被毛致密呈金棕色，像瓶刷子。

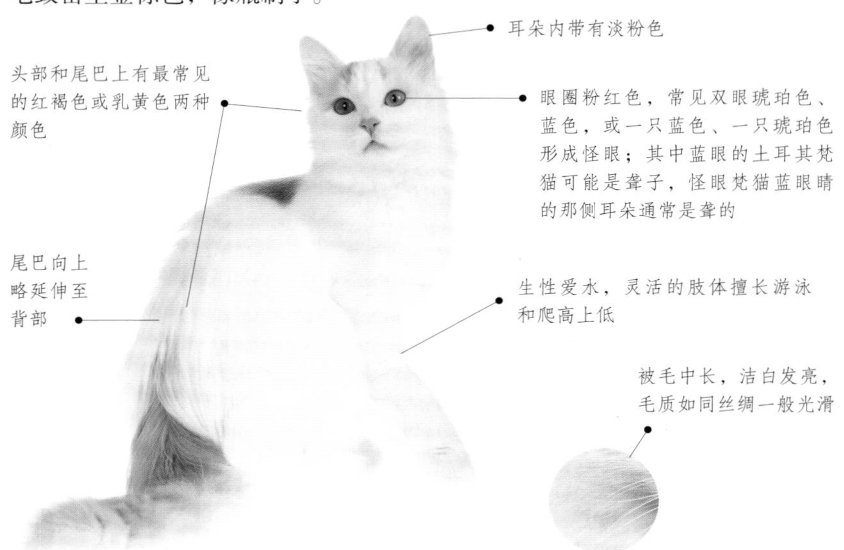

原产国：土耳其 | 血统：非纯种本地猫 | 起源时间：17世纪

习性 土耳其梵猫聪敏活泼，对人友善，喜欢跟着人到处转悠。它的适应能力强，可以很快熟悉新的家和新的主人，忠诚度高，被誉为“猫样狗”。它贪玩好动，是跳跃高手，爬高上低，会出现在家庭的每个角落，跟人或其他小动物抢夺自己感兴趣的物件。它玩的时候尽兴，睡的时候也很香甜。它的叫声甜美悦耳。它的平均寿命为15岁以上。

养护要点 ❶经常给土耳其梵猫洗澡，它特别喜欢在水中嬉戏，当在温水中洗澡时，会像婴幼儿一样兴奋不已。❷每天为它梳毛1次，定期为它修剪指甲和脚趾间的毛发，清洁眼睛、嘴角、耳朵等部位。❸它在换季节时脱毛较多，需多加留意。

猫咪档案

别名：土耳其梵胡猫

黏人程度	★★★★☆
生人友善	★★★★☆
小孩友善	★★★★☆
动物友善	★★★½☆
喜叫程度	½☆☆☆☆
运动量	★½☆☆☆
可训练性	★★★☆☆
御寒能力	★★★★☆
耐热能力	★★½☆☆
掉毛情况	★★★½☆
城市适应性	★★★★½

品种标准

CFA FIFe TICA
AACE ACF ACFA/CAA
GCCF

楔形的短头，粗壮的身体，炯炯有神的琥珀色眼睛，恰到好处的红褐色点缀

体型：中等偏大 | 体重：3~8.5千克 | 毛色：纯白色、乳黄色或红褐色，对称斑纹

土耳其梵猫珍贵非凡。土耳其本地法律禁止梵猫出口，所以在国外很少见到它。20世纪90年代，英国皇室中出现一只公梵猫，它是女王收到的外交礼物。在土耳其当地，梵猫也越来越贵，20世纪90年代已涨至30万美金，2000年涨到100万美金，2011年达到800万美金……

拉邦猫 LaPerm cat

性情： *亲人、忠诚，既活泼又懒洋洋*

养护： *中等难度*

经常抚摸我，给我健康的饮食，会使被毛更漂亮

1982年，在美国俄勒冈州的琳达（Linda Koehl）和理查德（Richard Koehl）家的谷仓里，一窝小猫出生了。有一只生下来光溜溜，跟兄弟姐妹们都不一样。可是几周后这只“丑小猫”长出柔软且卷曲的毛，奇异又美丽。更令人惊喜的是，它长大后诞下的猫咪与自己一样。从此，拉邦猫品种诞生了。

形态 拉邦猫体型中等，身材修长且结实。头部为圆楔形，耳间距宽。额至鼻梁微隆，眼睛圆大，下巴圆润结实。四肢发达有力，足掌小巧。被毛卷曲，毛色多样，尾巴粗大蓬松。

顶着这一身卷毛，哪怕我精神抖擞，看起来也像刚睡醒的样子
耳朵大且直立，十分醒目，让人觉得十分警惕
眼睛棕色、又圆又大，鼻梁高且直
被毛浓密、卷曲，梳理时宜沿毛的生长方向，否则容易弄疼猫
四肢长短适中，强健有力
主人可以训练我去取东西，坐立，玩杂耍或其他你想让我拥有的技能

原产国：美国 | 血统：非纯种长毛猫 | 起源时间：1982年

习性 拉邦猫温柔友好，对主人感情深厚，常常是“我的眼里只有你”。它喜欢被主人抚摸，并发出大声的呼噜表示享受，喜欢被亲吻也懂得回吻，也喜欢被扛在肩膀上或躺在主人怀里。它很好动，有时会用爪子摸主人的脸，或者拿毛蹭主人的脸蛋和脖颈。多数时候，它是安静的，当想引起人的注意时才喵喵叫。它的平均寿命为10~15年。

养护要点 ❶ 拉邦猫的被毛虽然看似凌乱，实际上很少掉毛，平时每天给它梳理一下会更少掉毛。❷ 定期给它洗澡，洗完后建议用干毛巾擦干，不要用电吹风吹，会使它的卷毛变形。❸ 它的环境适应能力强，主人带着它旅行或者把它留给陌生人照料，会无大碍。

猫咪档案

别名：电烫卷猫

黏人程度	★★★☆☆
生人友善	★★★☆☆
小孩友善	★★★★☆
动物友善	半星☆☆☆☆
喜叫程度	★★☆☆☆
运动量	★★☆☆☆
可训练性	★★★半星☆
御寒能力	★★★☆☆
耐热能力	★★★☆☆
掉毛情况	半星☆☆☆☆
城市适应性	★★★半星☆

品种标准

CFA TICA GCCF

WNCA SACC

“沙发土豆”说的就是我，虽然很多时候我精力无穷、活动不停，但另一些时候我喜欢躺在沙发上——看，这姿态，多像一位贵妇人

长且粗大蓬松的毛茸茸大尾巴简直和松鼠的有一拼

体型：中等 | 体重：3.1~4.6千克 | 毛色：多种颜色，多种图案

伯曼猫 Birman cat

***性情：**温文尔雅，友善，亲近人*

***养护：**中等难度*

伯曼猫的眼睛像蓝宝石一样迷人闪光，四肢脚掌像戴上了白手套一般，身世扑朔迷离，整体给人一种高贵神秘感。

它又被称为缅甸圣猫，相传最早由古代缅甸寺庙里的僧侣饲养，被视为护殿神猫。据记载，1919年首对伯曼猫被运到法国。第二次世界大战中，全欧洲的伯曼猫只剩下两只，为了挽救其于濒危状态，繁殖家以异种交配方法重建该品种。

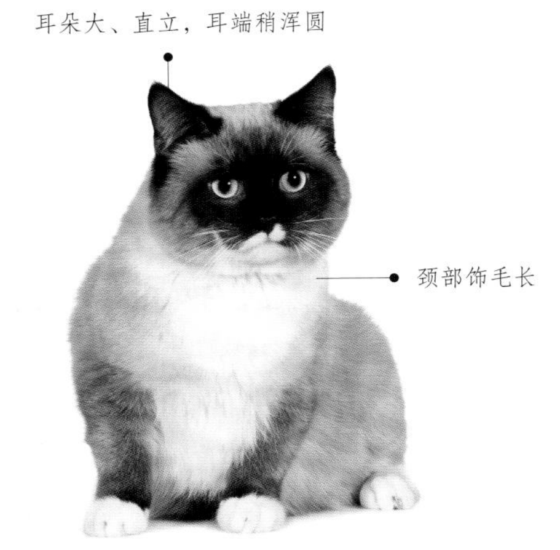
耳朵大、直立，耳端稍浑圆
颈部饰毛长

形态 伯曼猫体型中等，身形修长。头部宽圆适中，耳朵中等大小，脸颊丰满，眼睛近圆形。身上被毛主要是浅金黄色，脸、耳、腿、尾等部分毛色较深。四肢中等长度，肌肉结实，脚爪大而圆。

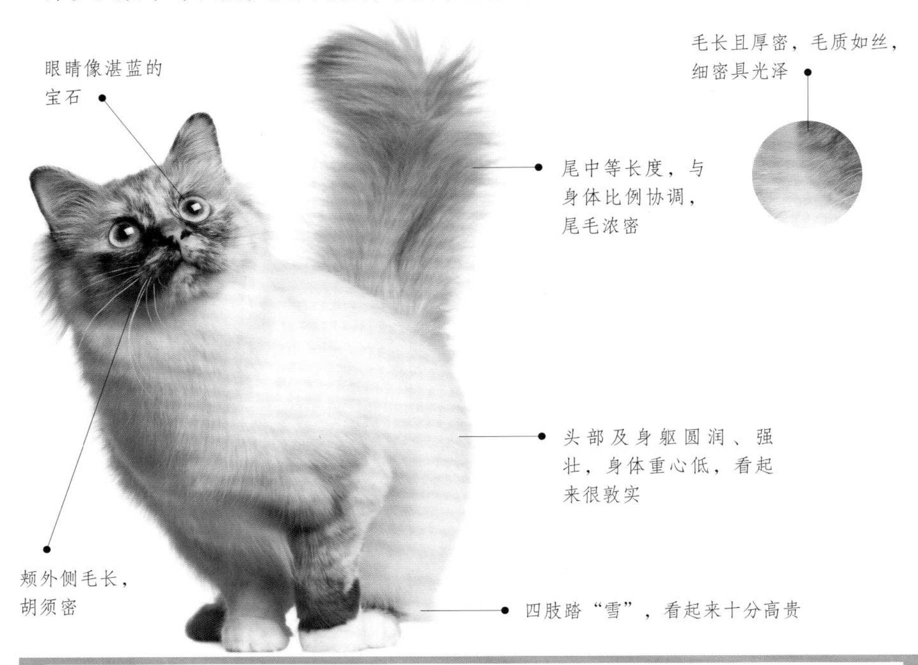
眼睛像湛蓝的宝石
毛长且厚密，毛质如丝，细密具光泽
尾中等长度，与身体比例协调，尾毛浓密
头部及身躯圆润、强壮，身体重心低，看起来很敦实
颊外侧毛长，胡须密
四肢踏“雪”，看起来十分高贵

原产国：缅甸 | 血统：非纯种猫 | 起源时间：不详

习性 伯曼猫很优雅，带着东方的神秘，它性情温文尔雅，友善，不光喜欢与人类作伴，热爱主人，还喜欢跟其他猫相处。它的环境适应性一般，到了陌生的环境会闹情绪，但一旦建立了安全感，就会把甜美善良的性格表露无遗。它喜欢玩耍，但大部分时间都在地面活动，并不热衷于跳跃和攀爬。它很少对主人提要求，只要家里干净舒适即可，便能生活得很愉快。在晴朗的天气里，它也喜欢到操场上、花园里散步、奔跑。它的叫声悦耳。它的平均寿命约为15岁。

养护要点 ❶ 伯曼猫非常爱干净，主人要保持它的猫窝通风舒适，定期打扫，保持清洁。❷ 每天供给营养丰富的食物和充足的饮用水必不可少。❸ 每天花10分钟给它梳毛，定期为它洗澡。❹ 天气晴好时，带它出去做运动、晒太阳，防止它变得过度肥胖。

猫咪档案

别名：缅甸圣猫

黏人程度	★★☆☆☆
生人友善	★★★★☆
小孩友善	★★★★☆
动物友善	★★★★★
喜叫程度	½☆☆☆☆
运动量	★½☆☆☆
可训练性	★★★½☆
御寒能力	★★★★☆
耐热能力	★½☆☆☆
掉毛情况	★★★½☆
城市适应性	★★★★★

品种标准

CFA FIFe TICA

ACF ACFA/CAA CCA-AFC

我很爱干净，在舒适的家中生活很愉快，天气晴朗时也喜欢到庭院或花园里散步

体型：中等 | 体重：4.5~5千克 | 毛色：多种颜色，常见浅金黄色、奶油色、玳瑁色等

相传在缅甸LaoTsum庙宇中供奉着尊贵女神Tsun-Kyan-Kse，她的眼睛是深蓝色的；庙宇中还养着一只金黄色眼睛的白色长毛猫Sinh。

有一天，庙宇主持Mmu-Ha去世了，与他相伴的爱猫Sinh跳到他身上，同时望向女神的雕像，这时神迹显现了：Sinh的白毛覆上了一层金色，同时眼睛变成了蓝色，脸、脚及尾巴变成了泥土颜色，只有踏在住持身上的四只脚仍是白色。

这便是最早的伯曼猫，因诞生颇具神秘和宗教色彩，后来它被奉为缅甸圣猫。

索马里猫 Somali cat

性情：聪明、温和、善解人意，运动高手
养护：中等难度

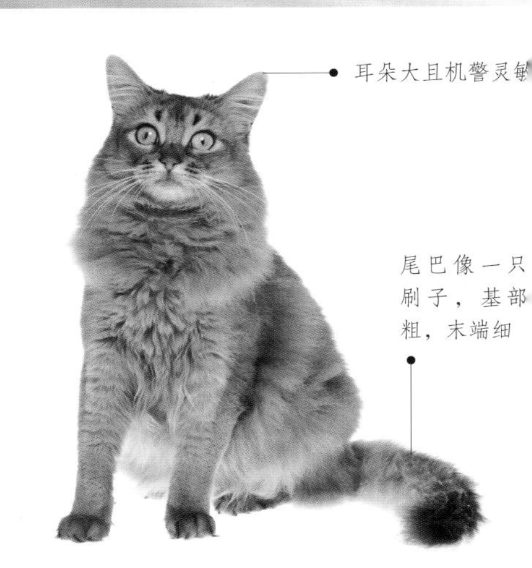
耳朵大且机警灵敏
尾巴像一只刷子，基部粗，末端细

索马里猫跟非洲国家索马里和索马里海盗都没有太大关系。它诞生于美国，之所以取此名是因为跟阿比西尼亚猫有近亲关系，阿比西尼亚猫的祖先在埃塞俄比亚（旧称阿比西尼亚），其地域上与索马里交界。

索马里猫是个自由派，运动神经发达，叫声清澈响亮，不适宜养在公寓里。它的姿态和抓取物的方式颇似猴子，还喜欢玩水，能自己打开水龙头。

形态 索马里猫体型中等，外表有王者风度，身材线条优美，比例均匀，肌肉结实。头部呈圆楔形，大耳朵呈宽“V”形，一双杏仁眼非常精神。四肢修长，骨骼纤细。全身被毛丝绸般柔软细致，中等长度，光泽度极佳，让人感觉暖和。足掌结实,圆脚爪毛茸茸的。尾巴大，被毛浓密、蓬松。

被毛中等长度，柔软、细致、浓密；浅色底毛与深色毛尖形成对比
大杏仁眼如宝石般闪烁，眼珠绿色、琥珀色或浅褐色

原产国：美国 | 血统：长毛阿比西尼亚猫 | 起源时间：1967年

习性 索马里猫温和，善解人意，但对人并不热情过度，它情感丰富，期望得到主人的关注，但对主人的占有欲弱。它贪玩，动作敏捷，喜欢自由自在地活动，可以像猴子般横行，抓东西的方式也像猴子。它喜欢小鸟和金鱼，但只看不摸。因为喜欢玩水，它自己就会开水龙头。它的叫声清澈响亮，十分动听。它的平均寿命为9~15年。

养护要点 ❶ 不适合在公寓里养索马里猫，带庭院的处所最佳。它追捕猎物可以锻炼身体，增进喜悦。❷ 室外饲养一年洗澡3~4次，室内饲养20~30天洗一次。❸ 为它准备一个猫爬架或高栖木，它喜欢爬。每隔2周用棉花棒蘸酒精或桉叶油清洁它的耳朵，以免有异味或感染寄生虫。❹ 它每窝产仔2～3只，生下2个月后可给猫仔洗澡，精心照料，18个月发育完全。

猫咪档案

别名：长毛阿比

黏人程度	★★★☆☆
生人友善	★½☆☆☆
小孩友善	★★★☆☆
动物友善	★★☆☆☆
喜叫程度	★★☆☆☆
运动量	★★½☆☆
可训练性	★★★☆☆
御寒能力	★★★☆☆
耐热能力	★★★☆☆
掉毛情况	★☆☆☆☆
城市适应性	★★★★☆

品种标准

CFA FIFe TICA

AACE ACF ACFA/CAA

CCA-AFC

紧绷的肌肉和严肃的脸给人野性的感觉，运动神经发达，动作敏捷，喜自由活动，贪玩，情感丰富，非常需要主人的关注

卖萌是强项，看我这副姿态是不是很酷

体型：中等 | 体重：3.5~5千克 | 毛色：多种颜色，常见栗色、蓝色、淡紫色、巧克力等色

巴厘猫 Balinese cat

性情： *聪明、热情、好奇、贪玩，亲近人*
养护： *中等难度*

外貌与暹罗猫相似

巴厘猫跟印度尼西亚的巴厘岛没有任何地域关系！它源起于19世纪中期从泰国输入美国和英国的暹罗猫，其体内含有长毛基因，经选育、纯化、繁育在美国诞生，因体形优美、动作婀娜多姿，颇似巴厘岛上跳土著舞的演员，故得名。

它明显的特征是有一条华丽且硕大的长尾巴，而且全身被毛如丝绸般柔软，并有杂技演员的跳跃本领，小步快走时步态极为优美。

形态 巴厘猫体型中等，身材呈流线型，优雅灵巧。头部呈长三角形，耳朵大且尖，眼睛大小中等呈杏仁形，脖颈细长优雅。身躯修长，四肢匀称、比例协调，后肢比前肢高。全身被丝质毛，中等长度，柔滑细腻，颜色多种。尾巴长，从基部到尾尖逐渐变细，具下垂长饰毛。

合格的巴厘猫，眼睛必须是蓝色的

原产国： 美国 | **血统：** 暹罗猫×安哥拉猫 | **起源时间：** 19世纪中期

习性 巴厘猫性格非常活泼，整天玩耍，忙个不亦乐乎，还爱围着主人转悠，逮着机会就跟主人交流，最喜欢偎依在主人怀里撒娇，对主人忠心不二。它性不喜孤独，很外向、热情，喜欢跟别的猫猫狗狗一起玩。它的捕猎本领高超，喜欢在庭院里“撒野”，并有杂技演员般的跳跃本领，当它小步快走时，步态优美，像巴厘岛的舞女。它喜欢叫，叫声柔和，带着乞求的声调，让人心生怜爱。它的平均寿命为9~15年。

猫咪档案

别名：长毛暹罗

黏人程度	★★★★★
生人友善	★★½☆☆
小孩友善	★★★★☆
动物友善	★★★☆☆
喜叫程度	★★★☆☆
运动量	★★½☆☆
可训练性	★★★★½
御寒能力	★★★☆☆
耐热能力	★★★☆☆
掉毛情况	½☆☆☆☆
城市适应性	★★★★☆

养护要点 ❶ 它的被毛中等长度，如丝绸般柔软，而且天生不大脱毛，料理起来很简便，每周给它梳毛一次即可。❷ 训练它不要去不能去的地方，比如厨房、垃圾桶等；让它不再迷恋抓沙发或其他家具、不要啃咬电线等。❸ 当它不在猫砂盆里便便时，可能是疾病所致，主人需要及早送它看兽医。

耳朵间距宽，耳内毛发极为丰富

小猫出生时毛色全白，长到成年时颜色才稳定下来

被毛浓密，丝质感强，若毛太短或太粗糙则不合格

品种标准

CFA　FIFe　TICA

ACF　ACFA/CAA　CCA-AFC

GCCF

体型：中等 | 体格：3.5~7千克 | 毛色：多种颜色，常见棕、蓝、奶油巧克力、霜灰重点色

布偶猫 Ragdoll cat

性情： *温顺，安静，亲近友善*
养护： *中等难度*

布偶猫又称“布拉多尔猫”，体型和体重比较大，但性情异常温柔，尤其适于室内饲养。

家养时它常围着主人转，讨好你，或者在一边玩玩具，或者选择安静地睡觉。如果你饲养了一只刚出生的猫仔，会发现它全身白色，一周后脸、耳、尾才出现颜色变化，2岁时被毛才变得丰满稳定，4岁时体格和体重才完全形成。

我是最漂亮的猫咪之一，被毛具独特的单色点或双色点，现在你看到的我，又被称为“海豹色双色布偶猫”

形态 布偶猫体型较大，身形长，被毛中长。头部大且呈等边三角形，耳朵微张，眼睛明亮，下巴紧实。颈部有较长的被毛，胸部宽实，臀部肥大，四肢中等长度，足掌大且圆。尾巴大且蓬松。

耳朵中等大小、间距宽，下巴与上唇和鼻子成一直线

面部毛较短，颈毛则较长

被毛中长，质地柔滑，不会缠结在一起

后肢较前肢长，前肢的毛较后肢的短，前脚掌上好像戴着手套

原产国：美国 | 血统：白色长毛猫×伯曼猫 | 起源时间：20世纪60年代

习性 布偶猫温柔安静、超凡脱俗，被誉为“仙女猫”；对人友善，忠心耿耿，又被誉为“小狗猫”。它善于讨好主人，喜欢形影不离地围着主人转，也爱玩玩具。它的叫声很好听，温柔悦耳，听多少遍都喜欢。它的平均寿命为12~17岁。

养护要点 ❶ 精心照顾布偶猫，以免它“长残了”：每日梳毛，爱抚它，不要太冷落它。❷ 不要放出室外散养，流浪猫狗和飞禽都有可能会伤害到它。❸为它提供适当稳定温度的空间，不要太冷或太热，以免它掉毛。❹ 它作为严格的室内猫，就算待在室内从不出去，也需要驱虫和打疫苗。

猫咪档案

别名：布拉多尔猫

黏人程度	★★★★★
生人友善	★★★★☆
小孩友善	★★★★★
动物友善	★★★☆☆
喜叫程度	★½☆☆☆
运动量	★★☆☆☆
可训练性	★★★☆☆
御寒能力	★★★½☆
耐热能力	★★★☆☆
掉毛情况	★★★☆☆
城市适应性	★★★★★

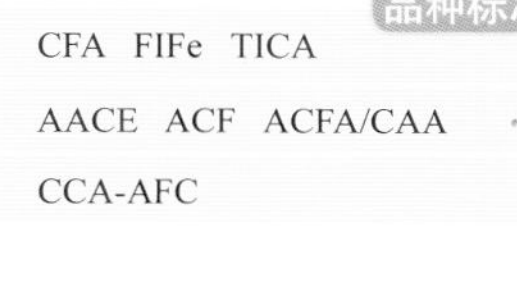

品种标准

CFA FIFe TICA

AACE ACF ACFA/CAA

CCA-AFC

蓝宝石一样的眼睛，迷人吧

颈部通常戴“围脖”

我全身特别松弛柔软，像软绵绵的布偶一样，不信就摸摸我吧

体型：大 | 体重：4.5~9千克 | 毛色：多种颜色，常见有巧克力色、奶油色、烟色等

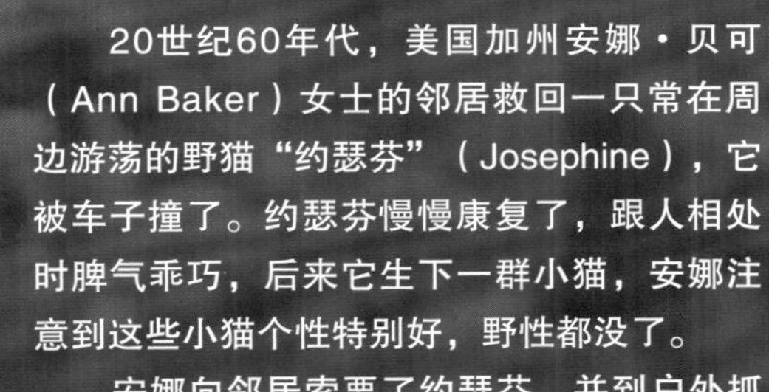

20世纪60年代，美国加州安娜·贝可（Ann Baker）女士的邻居救回一只常在周边游荡的野猫“约瑟芬”（Josephine），它被车子撞了。约瑟芬慢慢康复了，跟人相处时脾气乖巧，后来它生下一群小猫，安娜注意到这些小猫个性特别好，野性都没了。

安娜向邻居索要了约瑟芬，并到户外抓回两只以前约瑟芬和不同公猫生下的小猫，其中公猫叫Warbucks，它有白鼻子和白色的尾端。安娜让Warbucks和其他母猫交配，生下的小猫都有像暹罗的重点花色，后来注册为“Ragdoll”（布偶猫），引起关注。

布履阑珊猫 Raga muffin cat

性情： *温顺、安静，喜欢亲近人*
养护： *中等难度*

布履阑珊猫是布偶猫的近亲，形态相似，但毛色有区别，市场价格也远远高于布偶猫，购买时应注意区分。

它适宜家庭饲养，常在门口等待主人回家，也喜欢跟小朋友们玩耍亲近。因为不擅自我防卫，要避免将它跟攻击性强的动物放在一起。另外，它对人类的感情需求特别强烈，如果主人是忙碌少归家一族，一定不要把它孤零零地丢在家里哦，因为布履阑珊猫是会患上猫咪抑郁症的！

我天生爱干净，
人不必担心掉毛
脏室内的问题

形态 布履阑珊猫体型大，雄猫比雌猫体重高，可达雌猫体重的1.5~2倍。头部呈倒三角形，两耳直立且间距宽；眼睛圆且微向上倾斜，眼上额头部分常有“川”字纹。颈部有丰厚长毛，肢体强健柔软，尾巴大且蓬松。

趣闻

在室外玩耍就像历险哦，要当心那些爱欺负猫咪的攻击性动物们。

原产国：美国 | 血统：非纯种长毛猫 | 起源时间：1994年

习性 布履阑珊猫性格跟布偶猫略有不同，它很有个性，不会像布偶猫那样在门口等待迎接主人回家。它对人类很友善，不会攻击人类，喜欢跟小孩子玩，能忍受孩子的抓和哭闹，所以有孩子的家庭也可以放心饲养。它也能跟其他动物友好相处，但自主防卫能力不强。它较安静，不喜常叫，但叫声细且甜美温柔，平均寿命12~16岁。

养护要点 ❶ 不要弄伤或弄疼它，它在感知疼痛时没有强烈反应，但有创伤存在。❷ 它依赖主人，建议工作忙碌者不要饲养它，容易使其患上抑郁症。❸ 仅适合在室内饲养，否则它极易遭受其他动物的攻击。❹ 20周后可做结扎绝育手术，术后不要过度玩闹，随时注意伤口变化，因为它对疼痛不表达会造成伤口恶化。

猫咪档案

别名：褴褛猫

黏人程度	★★★★★
生人友善	★★★★☆
小孩友善	★★★★☆
动物友善	★★★★★
喜叫程度	★½☆☆☆
运动量	★★☆☆☆
可训练性	★★★☆☆
御寒能力	★★★★☆
耐热能力	★★½☆☆
掉毛情况	★★★☆☆
城市适应性	★★★★★

品种标准

CFA ACFA/CAA

我站立高度为25～32厘米

雪白的、毛茸茸的“围领”看起来像老爷爷胸前挂了一扇大胡子

长绒毛耐寒能力极好，摸上去手感也很佳

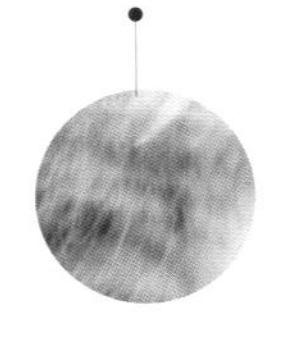

春风吹起来，张着小喇叭口的蓝铃花开了，主人，请带我去野外撒个欢儿吧

体型：大 | 体重：4.5~12.7千克 | 毛色：多种颜色和斑纹

美国卷耳猫 American curl cat

性情： *聪明、活泼、可爱，警戒性高，好黏主人*
养护： *中等难度*

据说1981年，在美国加利福尼亚州南部，有一对夫妇收养了一只被丢弃的黑色母猫，它有一双卷曲的耳朵，后来产下一窝小猫，其中有两只也是卷耳的，这便是美国卷耳猫的由来。1983年，人们开始对它进行品种选育，使其成为猫世界的稀有新成员。事实上，猫仔刚出生时耳朵正常竖立，4~7天后才出现明显的弯曲，4个月后定型，人们根据耳朵的卷曲程度将其分为轻度卷曲、部分卷曲和新月形。

参展级的猫卷耳要达到新月形

形态 美国卷耳猫体型中等，身体呈矩形，公猫比母猫大。头部呈柔和楔形，模样机警，表情甜美。耳朵中等大小、卷曲，眼睛呈杏仁状，甚为明亮。脖子中长，肢体灵活有弹性。被毛颜色多种，尾巴长且蓬松，几乎与身体等长。

耳朵卷曲并装点着毛发，呈新月形最佳，警惕时会旋转向前方
毛质细腻、丝滑、平顺
爪子中等大小，圆形
身体呈矩形
尾巴毛茸茸的，尾根宽阔，尾尖细

原产国：美国 | 血统：非纯种卷耳猫 | 起源时间：1981年

习性 美国卷耳猫聪明伶俐，温纯可爱，小时候形成的性格和习性长大后仍保留，喜欢黏主人，更能跟家里的其他宠物和睦相处。它的好奇劲儿也很大，被赐予“城市探险家”之绰号。它不爱多讲话（喵喵叫），但自己有需求时，知道怎样向主人表达。它的“洁癖”很强，每天都要用爪子给自己洗好几次脸，每次大小便也选择固定的地方，便后用土盖上。它的平均寿命为12岁或更长。

养护要点 ❶ 不要揪住它的耳朵，故意将其弯曲成不自然的形状，这容易折断耳朵的软骨。❷ 主人可以在室内或较大的饲养笼内的一角放置便盆，内垫猫砂、锯末、碎吸水纸或煤灰渣等，便于收集大、小便，保持环境卫生。

猫咪档案

别名：卷耳猫

黏人程度	★★★★☆
生人友善	★★☆☆☆
小孩友善	★★★★☆
动物友善	★★★☆☆
喜叫程度	★★½☆☆
运动量	★★½☆☆
可训练性	★★★★☆
御寒能力	★★★☆☆
耐热能力	★★★☆☆
掉毛情况	★☆☆☆☆
城市适应性	★★★★☆

品种标准

CFA TICA AACE ACFA/CAA

有人说我长得像一只大脸兔子：耳朵立起来，有一张正宗包子脸，呆萌呆萌的

折耳猫是带有遗传性骨骼病的猫，耳朵翻折是这种病的症状，卷耳猫是独立的品种，并不携带影响健康的骨骼疾病基因

体型：中等 | 体重：3.1~4.6千克 | 毛色：毛色70余种，有白、黑、蓝、双色和虎斑等色

缅因猫 Maine coon cat

性情： *聪明、勇敢、机灵、温驯，喜欢独处也对人亲近*
养护： *中等难度*

缅因猫诞生于美国缅因州的农场上，相传是安哥拉猫和非纯种短毛猫杂交而生的后代，是北美洲最古老的天然猫种，也是美国第一个本土展示猫。它外表看起来野性十足，与挪威森林猫或西伯利亚森林猫颇相似。它还喜欢跑到偏僻古怪的地方睡觉，据说这是因为其祖先农场猫习惯睡在高低不平之处。它还善于发出一种类似小鸟唧唧叫的悦耳动听的声音，十分奇异。

形态 缅因猫体型巨大，精力充沛，公猫比母猫更大更重。它的头部中等宽，耳朵大，眼睛大，颧骨高，嘴形方，下巴结实，颈部有毛茸茸的领圈。被毛光滑具层次，底层为柔软细毛，外层为覆盖毛，毛色繁多。四肢被浓密长毛。尾巴大，毛披散。

耳位高，耳朵大
脑门上有M形虎斑，这是与挪威森林猫区分的辨识要点
眼睛颜色多种，有绿色、鎏金色或金色、蓝色
胸前覆毛如狮鬃般华丽，又被称为“缅因狮”
被毛有两层，里面一层底层毛，外面一层覆盖毛，构成最基本的外形，触感舒适
常见毛色花纹是棕色虎斑纹
尾巴蓬松粗大

原产国：美国 | 血统：非纯种长毛猫 | 起源时间：18世纪70年代

习性 缅因猫性情温顺，亲近人，但和多数长毛猫不同，它需要宽敞的地方，喜欢在花园或院子里活动，所以不适宜住在公寓里。它睡觉的习惯很特别，喜欢在偏僻古怪的地方呼呼大睡，有人认为这是因为它的祖先农场猫习惯睡在高低不平的地方，所以遗传给了后代。它还是个捕鼠行家，技巧精湛。它另一不同寻常的特点就是能发出像小鸟般唧唧的轻叫声，非常动听。它的平均寿命为12~15岁。

养护要点 ❶ 它喜欢磨爪，习惯性地抓挠墙壁、家具、地板等，为它准备一个猫爬架，让它在固定的地方磨爪。❷ 它是北美自然产生的第一个长毛品种，每天至少要梳毛1次，让毛发柔顺靓丽并有效地清洁身体上的污垢，免受细菌侵害，维护健康。

猫咪档案

别名：浣熊猫

黏人程度	★★☆☆☆
生人友善	★★☆☆☆
小孩友善	★★★★☆
动物友善	★★½☆☆
喜叫程度	★★☆☆☆
运动量	★★★☆☆
可训练性	★★★☆☆
御寒能力	★★★★☆
耐热能力	★★☆☆☆
掉毛情况	★★☆☆☆
城市适应性	★½☆☆☆

品种标准

CFA FIFe TICA

AACE ACF ACFA/CAA

GCCF

体型：大 | 体重：6~12千克 | 毛色：有60余种被毛颜色及图案，如纯色、斑纹、杂色等

缅因猫的起源有多种说法，一说是有一只猫跑到缅因州的野外，跟一只浣熊交配生下了缅因猫，这可能是因其英文名后有个“coon”，与浣熊英文名“Raccoon”有相同之处，另外它尾巴的粗大程度和斑纹与浣熊极相似，故被杜撰。

还有一种说法是缅因猫是被一位名叫库恩(Coon)的船长带到缅因(Maine)州的。

英国长毛猫 British Longhair cat

性情： *好奇、大胆、温柔，心理素质好*
养护： *中等难度*

相传，猫咪们是在2000多年前的古罗马帝国时期，随着恺撒大帝四处征战时传到英国的。它因捕鼠能力高超，适应能力强，渐渐演变成英国土著猫。后来，英国人在土著猫中选出美丽者进行交配繁育，最终诞生了英国长毛猫，并于1871年获得正式命名。俗话说，“好奇心害死猫”，这种猫是好奇的典型，它会探头到沙发底下，钻到花瓶里，全面检查主人的鞋子，侦查遍家中的角角落落。

我承受力、适应力强，不会因为环境改变而大发脾气

形态 英国长毛猫体型中等，头部大且浑圆，耳朵直立，看起来十分精神。眼睛颜色因毛色而异，下巴紧实，脖颈短，四肢灵活有力。全身被毛中等长度，颈部有茂密的装饰状毛，尾巴中等长度，向尾梢渐尖。

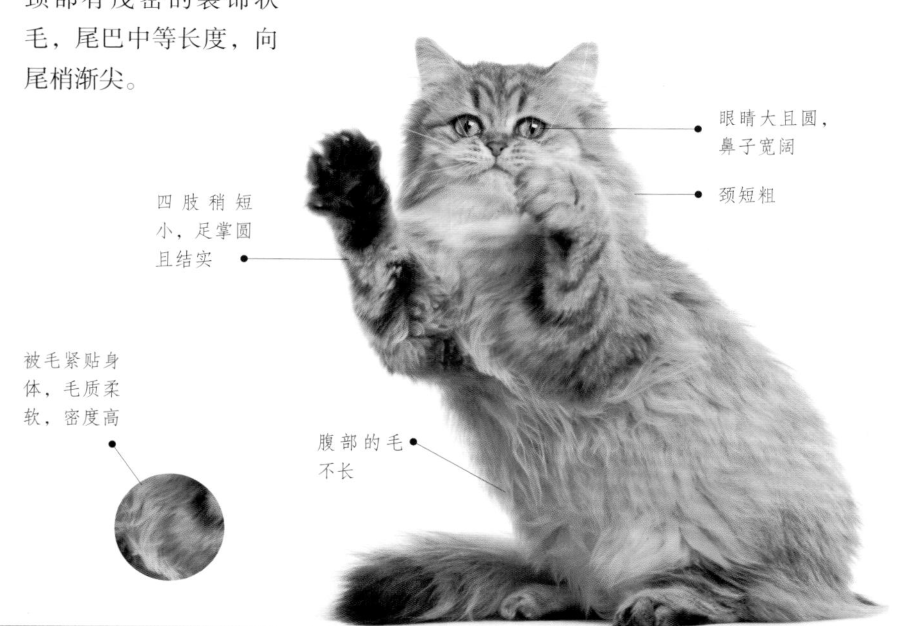
眼睛大且圆，鼻子宽阔
颈短粗
四肢稍短小，足掌圆且结实
被毛紧贴身体，毛质柔软，密度高
腹部的毛不长

原产国：英国 | 血统：英国短毛猫×英国半长毛猫 | 起源时间：19世纪70年代

习性 英国长毛猫有狗那样的耿耿忠心，是生活中的最佳伴侣，它喜欢跟小孩和小狗们一起玩耍，爬高上低，常爬到较高处低头瞪着圆眼睛往下看，萌得让人心醉。它是“好奇心害死猫”的典型，会探查家中的每一个角角落落，甚至钻进花瓶里去做侦查，探进沙发底下去看有无“小强”入侵，就连主人进门脱下的鞋子它也要去嗅一嗅。它的环境适应能力强，换了陌生处不会乱吵乱叫，乱发脾气，心理素质极佳，随遇而安。它的平均寿命为15~18岁。

养护要点

❶ 每天都要给它梳理毛发一到两次，不然毛会打结，同时还能减轻掉毛情况。❷ 春天换毛时，它会用舌头自我清洁，吃下很多毛，所以要定期喂它吐毛球膏，及时清理肠道内的毛球，护理肠胃。❸ 它懒怠后容易发胖，影响健康，每天至少陪它做半个小时游戏，以增进感情，又利于它保持匀称的身材。

猫咪档案

别名：英长

黏人程度	★★★★☆
生人友善	★★★☆☆
小孩友善	★★★★☆
动物友善	★★★★☆
喜叫程度	★⯪☆☆☆
运动量	★★★☆☆
可训练性	★★★☆☆
御寒能力	★★★★☆
耐热能力	★★⯪☆☆
掉毛情况	★★☆☆☆
城市适应性	★★★★★

品种标准

TICA FFE

我喜欢参与每一项活动，共同分享每一件事、每一个举动、每一秒钟

体型：中等 | 体重：4~8千克 | 毛色：多种颜色和图案，有纯色、银色、烟色、斑纹和双色等

高地折耳猫 Highland fold cat

性情： *甜美、安静，喜欢亲近主人*
养护： *中等难度*

脸庞圆圆

高地折耳猫是长毛型的苏格兰折耳猫。CFA认可的血统是：长毛型折耳猫与长毛型苏格兰折（立）耳猫繁育出的长毛折耳猫，以及短毛折耳猫与英国短毛猫或美国短毛猫繁育出的长毛折耳猫。

平时，它像蜜糖一般甜美，喜欢静静地看着主人往来停驻，或者躺在阳台上的猫窝里晒着太阳，张望着风景。有时也跟主人跑到操场上玩耍，哪怕自己并没有太强的运动天赋。

形态 高地折耳猫体型中等，身体圆乎乎的。它头部呈圆形，折耳贴头，看起来似一只猫头鹰。四肢灵活、柔软，被毛丰厚，毛色华丽多变。尾巴中等长度，尾梢渐尖。

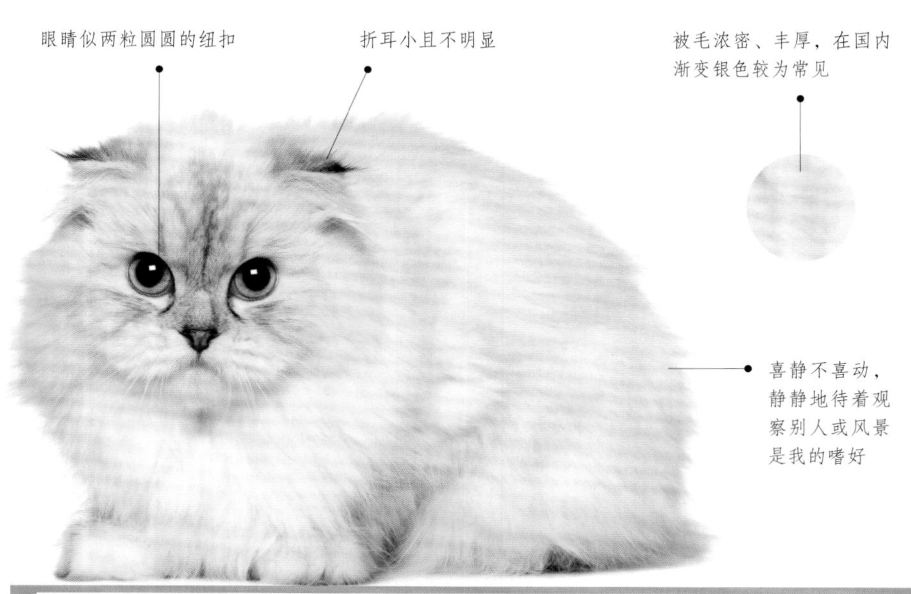
眼睛似两粒圆圆的纽扣
折耳小且不明显
被毛浓密、丰厚，在国内渐变银色较为常见
喜静不喜动，静静地待着观察别人或风景是我的嗜好

原产国：英国 | 血统：非纯种长毛猫 | 起源时间：20世纪60年代

习性 高地折耳猫的性格像糖果一样甜蜜，它非常喜欢主人，热情高涨地参与主人的多项活动。如果主人正在忙着，它便在一旁静静观看，绝不发声打扰。它因为遗传导致骨骼发育不健全、关节功能退化，每走一步都要承受骨骼畸形带来的痛苦，但又习惯掩饰，所以大部分时间都懒洋洋地躺着。它从内心深处需要主人的爱，并不希望自己“呼之即来，挥之即去”，只是一个可有可无的伴侣。它的平均寿命为12~15年。

养护要点 ❶ 它吃惯一种猫粮后，不要给随意更换，如果想让它享享口福，可以赏它一些零食。❷ 不要过多喂它虾等高蛋白食物，以免造成挑食，也不利于健康。❸ 如果它的关节变得肿胀，且显得懒怠，要及时送去兽医院检查。❹ 它的毛质顺滑纤细，哪怕一个月才梳理一两次也依然不打结，有时间可多梳几次，促进毛发健康。❺ 它比短毛品种掉毛少得多，平时基本不掉毛；换毛季节落毛，会团成绒毛球在地上，直接捡掉就干净了。

猫咪档案

别名：高折

黏人程度	★★★★☆
生人友善	★★★☆☆
小孩友善	★★★★☆
动物友善	★★★★☆
喜叫程度	★☆☆☆☆
运动量	★½☆☆☆
可训练性	★★☆☆☆
御寒能力	★★★★☆
耐热能力	★★½☆☆
掉毛情况	★★☆☆☆
城市适应性	★★★★★

品种标准

CFA TICA AACE ACFA/CAA

毛色除了渐变银色，还有棕色、褐色等

从侧面看，耳朵是这样的

看我用前爪“踢”球

体型：中等 | 体重：2.4~6千克 | 毛色：多种颜色，常见的是渐变银色

挪威森林猫 Norwegian forest cat

耳尖浑圆，
警觉性高
四肢有力，
足掌结实

***性情：** 活泼、好动、勇敢、爱冒险*

***养护：** 中等难度*

挪威森林猫的起源是个谜：一说是13世纪时北欧海盗从小亚细亚带回来的，一说是中世纪迁移过来的中欧或亚洲部落带来的。几百年来，它在北欧生活着，体格健壮，奔跑迅速，同时精灵飘逸，野味十足。直至20世纪30年代，它才被关注和人工繁育，20世纪70年代后方被挪威人奉为“活的纪念碑”加以保护。现在，它被输出到海外饲养，但并不习惯完全的城市生活。

形态 挪威森林猫体型中等，雌猫较雄猫体型小很多，身体长而结实，被毛双层，颜色、图案多样化，CFA认可的有50种。它头部呈三角形， 颈短，身体结实，肌肉发达，四肢中等长度，后肢比前肢长，尾巴长且被毛浓密，行走时十分飘逸。

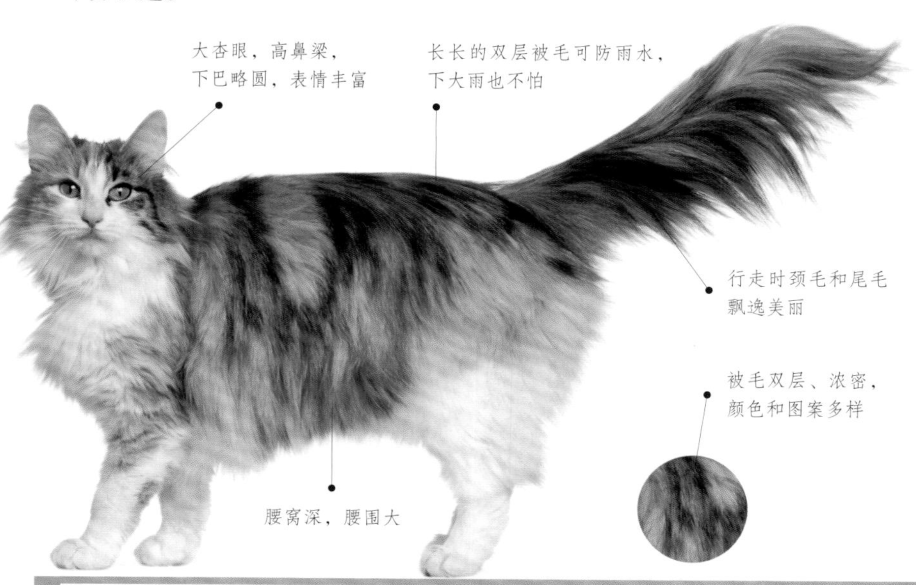
大杏眼，高鼻梁，
下巴略圆，表情丰富
长长的双层被毛可防雨水，
下大雨也不怕
行走时颈毛和尾毛
飘逸美丽
被毛双层、浓密，
颜色和图案多样
腰窝深，腰围大

原产国： 挪威 | **血统：** 安哥拉猫×短毛猫 | **起源时间：** 不详

习性 挪威森林猫性格内向，独立，机警，是个天生冒险家，喜欢爬树攀岩，更是一个捕猎好手。它不喜欢长期生活在室内，喜欢在庭院和环境开阔处生活。它总体上安静，适合喜静的主人饲养，并且友好，容易相处，性格温顺。它有一些怪癖，譬如喜欢用爪钩取食物或把食物叼到食盘外边吃，需要主人及时调教纠正。它的平均寿命为15~20岁。

养护要点 ❶ 喂它温热的食物，它吃凉食和冷食容易引发消化功能紊乱。❷ 每天为它梳毛，这是护理毛发健康的基础，可使之变得健康亮泽。❸ 定期给它彻底洗澡，清除潜藏的细菌和病毒，保证它的身体清洁健康。❹ 夏天时让它待在阴凉处，防止中暑，若中暑要迅速将它转移到通风背阴处，用冰块、冰水降温，然后送去看兽医。

猫咪档案

别名：森林猫

黏人程度	★★★☆☆
生人友善	★★⯪☆☆
小孩友善	★★★★☆
动物友善	★★★☆☆
喜叫程度	★★☆☆☆
运动量	★★★★⯪
可训练性	★★★☆☆
御寒能力	★★★★★
耐热能力	★☆☆☆☆
掉毛情况	★★★☆☆
城市适应性	★★★☆☆

品种标准

CFA FIFe TICA
AACE ACF ACFA/CAA
CCA-AFC

趣闻

野外生存培养起它爱冒险的天性，据说从高处向地面俯冲时毫无惧色。此外，它的叫声也很奇特，不是“喵”声，而是像唱歌一样的长音调。

体型：中等 | 体重：3~9千克 | 毛色：黑、白、蓝、红、双色、黑烟色、银虎斑等

很久很久以前，挪威森林猫便生活在北欧的浓密森林里，常出没在绿意盎然的草丛和林地间，奔跑或气定神闲地漫步着。在北欧神话中，它们拉着女神弗露依亚的神车飞驰于天际，如狮子一般强壮。

西伯利亚森林猫 Siberian forest cat

性情： *机灵、活跃，喜欢接近人*

养护： *容易*

据说，西伯利亚森林猫有1000年的历史了，顾名思义，它生活在自然环境严寒的西伯利亚地区，身上长满浓密厚实的被毛是理所当然的。在俄罗斯的乡村，它是普遍的家养猫，在市场上也常见交易。20世纪90年代，它开始出口到其他国家。2012年，时任日本外相玄叶光一郎赠送俄罗斯总统普京一只秋田犬，普京许诺回赠一只西伯利亚猫。可见，该猫是俄罗斯的代表性家养宠物了。

耳尖起圆弧
身体紧凑，长度适中，背长且略隆起

形态 西伯利亚森林猫体型大，十分壮实。头部呈宽三角形，比挪威森林猫的更浑圆。颈部滚圆，长度适中。四肢强健，肌肉发达。足掌大且圆。被毛浓密、油腻、防水，有极佳的防寒功能。尾巴长度适中，被丰厚毛发。

颈周有一圈“毛领子”
眼大近圆形，间距大，鼻子宽，下巴浑圆
外层护毛质硬、光滑且呈油性，底层绒毛浓密厚实，从而抵御西伯利亚的严寒

原产国： 俄罗斯 | **血统：** 非纯种长毛猫 | **起源时间：** 11世纪

习性 西伯利亚森林猫太威风了，长得像只小狮子，实际上很乖，它对其他猫非常友好，跟小朋友也能相处甚欢，对主人更是依恋。它个性很强，有的很安静，有的整天活动不停。它高兴起来会绕着人的腿打转，或者朝人喵喵叫，声音柔和，但它不会总黏着人，通常吃饱喝足后，会“出门逛街”，或找小伙伴玩耍，或做自己想做的事。它易患病，寿命平均10~15岁。

养护要点 ❶ 及早训练西伯利亚森林猫养成良好的磨爪习惯，以防它抓伤人、抓坏家具和衣物。❷ 洗澡时，水温约40℃，不要弄湿它的头脸部，以免引起反抗。❸ 不要喂食它动物肝脏、生鱼（可以喂熟鱼）、肉、狗粮和鱼肝油，以防其患病。❹ 抽出时间陪它做游戏，增进交流，锻炼它的身体，增进其心理健康。

猫咪档案

别名：西伯利亚猫

黏人程度	★★★★☆
生人友善	★★½☆☆
小孩友善	★★★★☆
动物友善	★★★★☆
喜叫程度	★★☆☆☆
运动量	★★★☆☆
可训练性	★★★★☆
御寒能力	★★★½☆
耐热能力	★★☆☆☆
掉毛情况	★★☆☆☆
城市适应性	★★★★☆

品种标准

CFA FIFe TICA

WCF FFE AACE ACF

ACFA/CAA

眼睛颜色为黄色、绿色和蓝色，重点色品种为蓝色

趣闻

传统颜色是金虎斑色，毛色突变发生在100多年甚至更早以前。另外，公猫会帮助母猫抚养后代，这在猫科动物世界里并不多见。

体型：大 | 体重：4.5~9千克 | 毛色：传统颜色是金虎斑色，现有棕色、白色等

PART 2

090~197页

短毛猫

异国短毛猫 Exotic shorthair cat

人们看到我一本正经的模样也忍不住想笑，这是为什么呢

***性情：**机灵顽皮，好静，亲近人，忠诚*
***养护：**中等难度*

异国短毛猫的模样特别可爱，看起来萌萌呆呆傻傻的，可是又渗透着机灵无限。它是美国的育种专家将美国短毛猫和波斯猫交配繁育出的后代，除了毛短外，其体型、四肢、头、脸、眼均与波斯猫一样，看起来清爽又滑稽，令人忍俊不禁。

它十分黏人，很适合有闲的主妇和女孩子饲养。

形态 异国短毛猫体型中等，头大且圆，耳朵厚实圆润，脸颊丰满，眼睛大且圆溜溜的，鼻子又短又扁，下巴线条圆润丰满。脖子粗短，肩膀宽厚，胸幅宽，身躯短，背部呈水平线。腿粗短有力，脚掌圆大结实。全身被毛浓密厚实，长度适中。尾巴短，毛茸茸的。

被毛有多种颜色及图案，浓密厚实，柔软且色泽艳丽
双眼之中有凹陷，凹陷为脸部圆心
我文静、亲切，能慰籍主人的心

产地：美国 | **血统：**美国短毛猫×波斯猫 | **起源时间：**20世纪60年代

习性 异国短毛猫是生活中的加菲猫，它和波斯猫一样文静、温柔，容易被欺负；又像美国短毛猫一样机灵顽皮，活泼可爱，不拘小节，对主人依赖又忠诚。大部分时间它都独立安静，不爱吵闹。公猫脾气好，不会随地大小便，母猫生气时会跑到主人床上解决“问题”。它到了陌生环境需要适应期，不会害怕得钻入床底，而是东闻闻西嗅嗅，熟悉新环境，几天后会熟络起来。它常用咕噜声、喵喵声和吼叫声交流。它的平均寿命约13岁。

养护要点 ❶ 刚把异国短毛猫带回家后不能抱它，以免它很害怕导致性格问题，引导它熟悉厕所、食盆、水盆和猫窝。❷ 买一瓶猫猫眼药水每天给它滴一滴，隔几天拿棉花球帮它擦耳朵。❸ 它容易患泪管堵塞症，所以要注意脸部清洁。❹ 夜间为3个月以下的它开盏台灯或壁灯，防止它找不到厕所。❺ 记住给它买猫玩具。

猫咪档案

别名：奇异猫

黏人程度	★★★★★
生人友善	★★★☆☆
小孩友善	★★★★☆
动物友善	★★★⯪☆
喜叫程度	★★☆☆☆
运动量	★★★☆☆
可训练性	★★★★★
御寒能力	★★★★☆
耐热能力	★★⯪☆☆
掉毛情况	★★☆☆☆
城市适应性	★★★★★

品种标准

CFA　FIFe　TICA

ACE

趣闻

异国短毛猫的眼睛比别的猫咪更容易流眼泪，需要主人每天清洗。

体型：中等 | 体重：3~6.5千克 | 毛色：多种颜色及图案，如纯色、烟色、斑纹、双色及重点色

你熟悉那只荧屏上的加菲猫吗？它是世界上最幸福的一只猫啦，愤世又懒惰，整天除了睡大觉和吃饭，就无所事事了。它的口边名言是“如果早晨开始晚些的话，我可能更喜欢它”，它最欣赏的品性是“懒惰——如果有人叫它懒惰，我叫它深思”。

英国短毛猫 British shorthair cat

***性情：**温柔平静、对人友善、亲近主人*
***养护：**容易*

英国短毛猫是由普通家猫培育而成的，它的典型形象是又大又壮实的蓝猫。20世纪70年代以后，它的毛色和外形开始改变，体型变得越来越小，毛色变得越来越丰富，整体风格向优雅转变。

它脾气极好，像英国绅士般温文尔雅，非常适合家养，而且其适应能力强，不会因为环境改变而表现出种种不适。

形态 英国短毛猫体型中等偏大，公猫比母猫体重更高，腮部更圆鼓。头部整体看起来浑圆，耳朵斜立，耳间距宽，面颊饱满，眼睛大且圆，鼻子大小适中，下巴结实。脖子短且肥，身体厚实，胸部宽阔饱满。全身被毛短且浓密。腿中短长度，较粗壮。尾巴基部粗壮，尖端钝圆。

头部又宽又圆，双耳间距较小
选购时宜选2~3月大的猫仔，可观察到其骨架及肌肉很发达，短而肥的颈与阔而平的肩膀相配合，看来身材非常匀称
全身被毛短而密，富有弹性，像穿了一件绒外套

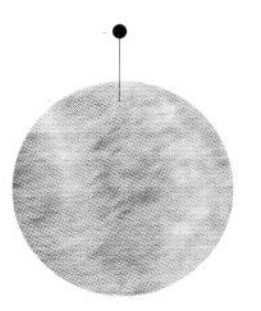

产地：英国 | 血统：非纯种短毛猫 | 起源时间：不详

习性 英国短毛猫是一只大胆又好奇的猫，它到了新环境中适应力很强，熟悉新主人后表现得很亲近，有时伴随主人左右，有时乖乖地趴在主人的膝盖上睡觉。它非常温柔，不会乱发脾气，也不会大吵大叫，它对主人的最大要求便是每天能陪自己玩30分钟，做做游戏。它会发出咕噜叫声，十分独特。它的平均寿命约12岁。

养护要点 ❶ 英国短毛猫的鼻子短，不能用太深的猫粮碗，罐头要用碟子喂，每次吃完后马上清理干净。❷ 喂食定时定点定量，水每天更换。多给它买几个磨爪板，在它平时睡觉的地方要放一个，它起床后有磨爪的习惯。❸ 每天给梳理毛发，清理眼睛和耳朵，每周给它剪指甲、刷牙。❹ 它的被毛像绒布一般柔软、厚实，很少脱落，容易打理，但在春、秋两季换毛期，主人每天多梳几次毛，让它适量服用吐毛球膏。

猫咪档案

别名：英短

黏人程度	★★★★☆
生人友善	★★★★☆
小孩友善	★★★★☆
动物友善	★★★★☆
喜叫程度	★★☆☆☆
运动量	★★★½☆
可训练性	★★★☆☆
御寒能力	★★★★☆
耐热能力	★½☆☆☆
掉毛情况	★☆☆☆☆
城市适应性	★★★★☆

品种标准

CFA FIFe TICA

WCF FFE AACE ACF

ACFA/CAA CCA-AFC

尾巴长度约是身长的2/3，尾根较粗，向尾尖渐呈尖细圆形

趣闻

在纯色的英国短毛猫中，蓝猫是最受欢迎的——我看起来确实很美丽，不是吗？

体型：中等偏大 | 体重：3.1~8千克 | 毛色：常见的有蓝色、纯色、双色、三花色、阴影色等

美国短毛猫 American shorthair cat

***性情：**温和、聪明、吃苦耐劳，精力旺盛，善于自找乐趣*

***养护：**容易*

关于美国短毛猫的起源有两种说法：一是美洲大陆土著猫经选育而成；一是1620年秋天随着从欧洲大陆到达美洲的“五月花”号而到来，它们最初被携带上船是为了捕捉老鼠保护粮仓，后在美国经不断繁殖选育而成，见证了美国的发展，是美国的“开国功臣”之一。

嗅到猎物，弓身扬尾，
展开攻击

形态 美国短毛猫体型中等，雄猫比雌猫体重高。头部大，双颊饱满，给人圆乎乎的感觉，耳朵中等大小且较尖细，眼睛大，眼神明亮、警觉，鼻子中等大小，下巴结实。身体灵巧强壮，脖子长短适中，躯干修长，后背宽阔平直，四肢长度适中且肌肉发达，脚爪结实、饱满。全身被有质地硬滑、厚实的短毛。尾巴中长，基部粗壮，尾尖突细。

主人不在时，我会发明多种玩法，使自己不感到孤单，譬如攀爬这些古老的线装书
被毛密实，颜色和斑纹多种，抚触感好
尾的长度等于从肩胛骨到尾根的长度
表情机灵、豪爽
爪饱满呈圆形，有着厚厚的爪垫

产地：美国 | 血统：非纯种短毛猫 | 起源时间：17世纪

习性 美国短毛猫遗传了祖先的健壮身躯、勇敢、吃苦耐劳，抵抗力较强。它性格温和，换了新环境不会影响心情，而且耐性极好，不乱发脾气，也不乱吵乱叫，尤其适合有小孩的家庭饲养。它喜欢被主人抱在怀里抚摸，主人不在家时喜欢玩玩具，能发明出许多玩法。它擅长跟鸟和狗交朋友，智商较高，能够接受训练。它的叫声细小甜美，十分悦耳。它的平均寿命为15~20年。

养护要点 ❶ 定时定地点喂食，小猫一天喂4次，成年猫早、晚各喂1次。❷ 买一些猫爬架，让它消耗过于旺盛的精力。❸ 经常抚摸它，可使它的被毛更加亮泽。❹ 定期喂它吃吐毛球膏，帮助它清理胃肠道内的毛球，护理肠胃。❺ 训练调教它，教会它一些小游戏和生活规矩，帮它养成好习惯。

猫咪档案

别名：美短

黏人程度	★★★★★
生人友善	★★★★☆
小孩友善	★★★★★
动物友善	★★★★★
喜叫程度	★★☆☆☆
运动量	★★★½☆
可训练性	★★★½☆
御寒能力	★★★★☆
耐热能力	★½☆☆☆
掉毛情况	★☆☆☆☆
城市适应性	★★★★★

品种标准

CFA TICA AACE
ACFA/CAA CCA-AFC

身材匀称、健壮，平衡力良好，性格活泼，说的就是我啦！我精力旺盛，不像其他猫咪懒洋洋的，主人最好给我准备些猫爬架之类，便于我消耗我旺盛的精力

根据CFA的统计，我在2010年全美最受欢迎猫咪种类中位列第八名

趣闻

美国短毛猫继承了祖先勇敢和吃苦耐劳的品格，充满耐性，不乱发脾气，而且对外界事物充满好奇和探索的欲望。

体型：中等 | 体重：4~6千克 | 毛色：多达30余种，其中银色条纹品种尤为名贵

欧洲短毛猫 European shorthair cat

性情： *机警、敏感、聪明且狡猾*
养护： *中等难度*

欧洲大陆有一千多年的养猫历史，据说欧洲短毛猫的祖先是普通家猫，经选育繁殖而诞生。它跟英国短毛猫和美国短毛猫有些类似，历史上曾与英国短毛猫被归为一个品种，直至1982年才获得承认为独立品种。它精力充沛、活跃顽皮，并且感情丰富，喜欢跟主人一起玩耍。它还是户外运动的高手，并喜欢捕猎老鼠。

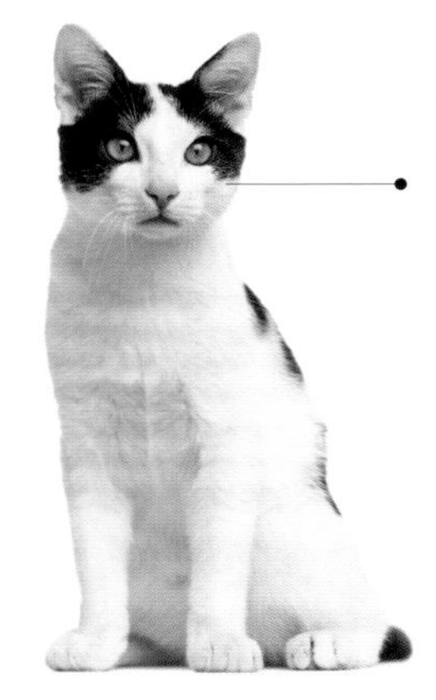

被毛颜色多样，除巧克力色、淡紫色和重点色外，所有颜色都可以接受

形态 欧洲短毛猫体型中等，头大且圆，耳朵呈尖圆形，眼睛大，目光炯炯有神。颈长适中，胸部较宽，四肢短且强健有力。被毛有多种颜色和花纹，有的呈大理石花纹，质感强且漂亮。尾巴稍显粗短。

耳朵间距大，直立，耳尖微圆

头部宽圆，脸颊饱满，下巴圆实

眼梢微微倾斜

身体长且强壮，肌肉发达

被毛短且浓密，具光泽

产地：意大利 | 血统：非纯种短毛猫 | 起源时间：1982年

习性 欧洲短毛猫聪明勇敢，带有狡猾气质，生气勃勃，是捕鼠能手，长期以来很受欧洲家庭的喜爱。它对主人亲切，跟家庭成员相处愉快。它非常爱好户外运动，精力充沛，奔跑跳跃，无所不能，是一只出色的好猎手，有时候它也显得温柔、安静。雌猫健壮，很少发生难产。它的叫声悦耳。平均寿命为10~15年。

养护要点 ❶ 养它来捕鼠，就不能修剪脚爪；养做伴，则应经常修剪脚爪，以免抓伤人，抓坏家具、衣物等，每月修剪1次。❷ 从小给它养成洗澡习惯，以清除体表寄生虫，促进血液循环。❸ 春、秋两季换毛，给它吃一些吐毛球膏，便于排出毛球。❹ 给它梳毛时可顺梳、逆梳，擀毡处可剪除，使毛重新生长。❺ 它生病时怕见光、流泪，要给它洗脸、擦眼。

猫咪档案

别名：欧洲猫

黏人程度	★★★★☆
生人友善	★★★☆☆
小孩友善	★★★★☆
动物友善	★★☆☆☆
喜叫程度	★½☆☆☆
运动量	★★★★☆
可训练性	★★★½☆
御寒能力	★★★☆☆
耐热能力	★★★☆☆
掉毛情况	★½☆☆☆
城市适应性	★★★★★

品种标准

FIFe ACF WCF

主人，请帮我定期清除耳垢，
以免我摇头搔耳不舒服

体型：中等 | 体重：3.6~6.8千克 | 毛色：多种颜色，除了巧克力色、淡紫色和重点色外

北美洲短毛猫 Pixie-Bob cat

性情：聪明、活泼、勇敢、社交能力强
养护：中等难度

相传北美洲短毛猫是家猫和短尾猫（又名北美山猫）的杂交品种，但检测显示它不带有短尾猫的基因，所以它的祖先确是家猫。1985年春，卡罗尔·安·布鲁尔买了一只看起来很野性的棕斑短尾小猫，次年1月，她救助了一只身形高大的短尾雄猫。两只猫咪生出后代，布鲁尔把一只猫仔称作“Pixie”，并于一年以后拿它育种。1993年，“Pixie”获得TICA认证，1998年进入冠军组。

▲ *外形和个性颇似美洲山猫，事实上纯属家猫，并不含野猫基因*

形态 北美洲短毛猫体型通常比家猫大，雌雄重量相差较大，成年雄猫7～10千克，成年雌猫3.5～5.5千克。头部呈梨形，耳朵尖，耳内饰毛较长。眼睛圆大，呈杏仁形，吊眼梢。身躯结实，比例协调，被毛看似美洲山猫，上有斑点、卷斑和条纹，整体呈虎斑型，色调略偏红。脚掌大。尾巴短，从外部看不明显或5~10厘米长。

头部和尾部是不同于其他家猫的显著特征，头部通常呈梨形，尾巴则看不见或很短

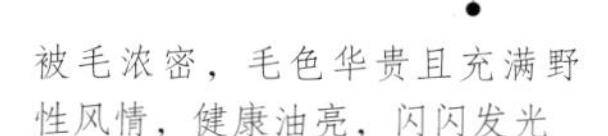

被毛浓密，毛色华贵且充满野性风情，健康油亮，闪闪发光

多数家猫1年可成年，我则需要3年

产地：美国 | 血统：非纯种短毛猫 | 起源时间：20世纪80年代

习性 北美洲短毛猫智商很高，活跃，勇敢，社交能力强，喜欢跟其他小动物一起玩，对陌生人也非常友好，对主人更是亲切，被誉为“猫狗”。它喜欢跟主人共处一室，跳到主人肩上坐着，给主人带路，听指示去叼棍子，也喜欢跟着主人转来转去。它的可驯性极强，精心调教后，能听懂不少话或指示。它不太爱叫，有时会发出啁啾、窃窃私语甚至咆哮声，有的则从来不叫。它的平均寿命为12~18年。

养护要点 ❶ 每周给它梳毛1次，以保持顺滑漂亮。❷ 它喜欢吃富含蛋白质的食物。❸ 给它买些猫玩具，以增进它的玩耍乐趣，比如一只填充的假“老鼠”。❹ 它的一只脚掌最多会长7个脚趾，对此无需讶异，也不需要做手术。

猫咪档案

别名：不详	
黏人程度	★★★½☆
生人友善	★★★☆☆
小孩友善	★★★★☆
动物友善	★★★★☆
喜叫程度	★★☆☆☆
运动量	★★★½☆
可训练性	★★★★☆
御寒能力	★★★☆☆
耐热能力	★★½☆☆
掉毛情况	★½☆☆☆
城市适应性	★★★★½

品种标准

TICA ACFA/CAA

CCA-AFC

大部分是短毛型，也有少数长毛型，但不常见

小猫眼睛颜色渐变成绿色，几个月后呈金色

虽然看起来野性十足，实际上我非常温和

体型：中等 | 体重：2.5~7千克 | 毛色：虎斑色，略呈红棕色

巴西短毛猫 Brazilian shorthair cat

性情： *活泼、感情丰富，爱黏主人*

养护： *中等难度*

巴西短毛猫是产自巴西的首个获得国际认证的猫种。

公元1500年，葡萄牙人首次抵达巴西，带去猫以驱鼠，后来这些猫在巴西繁衍，遍布街头。20世纪80年代，工程师保罗·萨缪尔·鲁奇注意到街头的流浪猫有着同样的外貌和特色，便拿它们开始育种，最终诞生了巴西短毛猫，并于1998年获得WCF的认证。

▲ *雌猫的头比雄猫的小，亮晶晶的大眼睛摄人心魄，眼睛颜色跟被毛近似，身体长度大于高度，乍看起来像一只温柔的小老虎*

形态 巴西短毛猫体型庞大，头部圆大，耳朵中等、先端尖。眼睛大，杏仁形，炯炯有神。身躯苗条健壮，四肢肌肉发达。被毛短，紧贴身体，颜色和斑纹多样，有黑、白、棕色等，较醒目，易于分辨。脚掌圆形。尾巴中等长度。

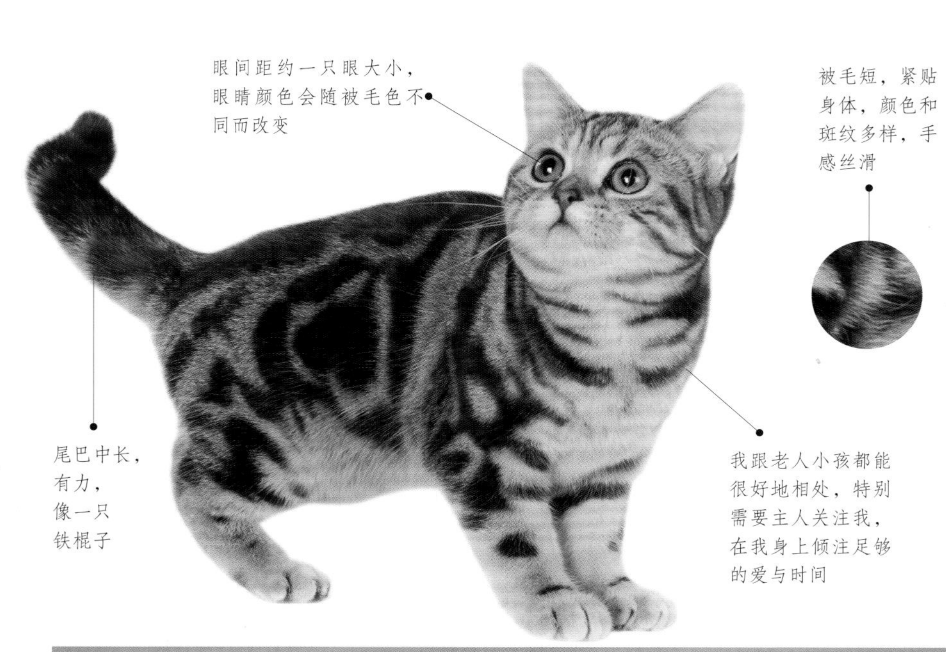
眼间距约一只眼大小，眼睛颜色会随被毛色不同而改变
被毛短，紧贴身体，颜色和斑纹多样，手感丝滑
尾巴中长，有力，像一只铁棍子
我跟老人小孩都能很好地相处，特别需要主人关注我，在我身上倾注足够的爱与时间

产地： 巴西 | **血统：** 非纯种短毛猫 | **起源时间：** 20世纪80年代

习性 巴西短毛猫既有家庭饲养的也有流浪猫，前者非常亲近甚至黏人，跟小孩和老人感情尤好，并喜欢走出去主动结识陌生人。小猫活泼好动，长大后会稍安静，但总体上仍是一只活跃的猫，跟狗狗相处也十分愉快。它学习能力强，喜欢参与家庭活动，需要主人关注自己，否则会主动寻求新主人，并能很快适应新的家庭环境。它叫的频率一般。它的平均寿命为14~20岁。

养护要点 ❶ 巴西短毛猫需要主人关注，每天陪它玩耍一会。❷ 每周给它梳毛、洗澡，每个月给它修剪一次毛发。❸ 它掉毛程度适中，需要主人定期打扫房间。❹ 它容易患绦虫病、滋生跳蚤或患眼疾，需要主人及时寻求兽医帮助。❺ 对猫过敏的人不宜跟它接触，容易发生过敏反应。

猫咪档案

别名：不详

黏人程度	★★★★☆
生人友善	★★★☆☆
小孩友善	★★★★☆
动物友善	★★★☆☆
喜叫程度	★☆☆☆☆
运动量	★★★★☆
可训练性	★★★½☆
御寒能力	★★★½☆
耐热能力	★★½☆☆
掉毛情况	★½☆☆☆
城市适应性	★★★½☆

品种标准

WCF　BSICS

趣闻

工程师保罗·萨缪尔·鲁奇是巴西第一家猫协会FBG（Federao Brasileira do Gato）的创办者，也是里约热内卢第一个爱猫俱乐部的创始人，此外还创办了其他7家巴西爱猫俱乐部。1998年，保罗和德国朋友安娜里兹·哈克曼联合创办了WCF（World Cat Federation），初始时只有两人自己创办的俱乐部加入，现在则发展成世界上最大的爱猫联合会。

巴西短毛猫项目由BSICS（Brazilian Shorthair International Cat Society）具体管理，它是WCF的会员单位，总部设在纽约。

如果你想养一只体型庞大的短毛猫，我真是不二之选

体型：大 | 体重：4.9~10千克 | 毛色：多种颜色，常见的有黑、白、棕、橙、灰色

东方短毛猫 Oriental shorthair cat

性情： *活泼好动、好奇心强、对主人忠心耿耿、好嫉妒*

养护： *中等难度*

东方短毛猫身材修长优雅，走姿雍容高贵，散发着东方的神秘气息。它是英国人利用暹罗猫与不同颜色的欧洲短毛猫进行杂交培育出的后代，偶尔它也会生出暹罗猫来。

东方短毛猫智商极高，天生好动，喜欢朝着主人撒娇，妒忌心也极强，受到冷落会吃醋，颇似一位东方美人。

形态 东方短毛猫体型中等，头部长型，呈三角形；耳间距宽且耳朵大；眼睛似杏仁，大且眼梢倾斜。颈部修长，四肢修长纤细，骨骼紧致，腹部狭窄，肌肉紧实。被毛纯色或具斑点，色彩多种，除白、黑等常见毛色外，还有芥末色、玳瑁色、橙色和巧克力色等。尾巴修长，基部至尾尖渐细。

我的身形和气质尽显东方高贵，祖母绿色的眼睛也颇具神秘感
被毛短且浓密、细腻，有丝质的滑润感
耳朵大且直立，基部宽，耳尖尖，十分醒目
有人说我性格很古怪，其实我很可爱，看我做个鬼脸吧
尾巴纤细，向先端渐尖，似鞭子

产地：英国 | 血统：暹罗猫交叉配种 | 起源时间：20世纪50年代

习性 东方短毛猫散发着东方猫的神秘气质，会像小狗一样黏着主人，忠心耿耿，如果遭到冷落，就会妒忌、吃醋、发脾气。它的智商很高，受训后可为主人取物。它的自我意识强，主人无法强迫它做不喜欢或不愿意的事情。它还很不喜欢洗澡，平时不喜欢被人抱着。它害怕寂寞，能与众多猫狗打成一片，玩得不亦乐乎。它的叫声很大，有爱说话的倾向，对周边噪声和响动不那么敏感和害怕。它的平均寿命为15岁。

养护要点 ❶ 东方短毛猫的肠胃比较弱，最好喂食固定品牌的猫粮，在换粮时要留意其粪便，发现它腹泻立即送去听取兽医建议。❷ 它体型瘦，要注意每天供给的食量不要太多，便于保持身材。❸ 每天把它抱在怀里，用手轻轻抚摸，可以帮助传递被毛所需要的油脂，使被毛亮泽。❹ 它不喜欢洗澡，至少每半年给它洗一次。

猫咪档案

别名：东短

黏人程度	★★★★★
生人友善	★★★☆☆
小孩友善	★★★★☆
动物友善	★★★★★
喜叫程度	★½☆☆☆
运动量	★★½☆☆
可训练性	★★★½☆
御寒能力	★★★½☆
耐热能力	★★☆☆☆
掉毛情况	★★★☆☆
城市适应性	★★★★☆

品种标准

CFA FIFe TICA

WCF AACE ACF GCCF

ACFA/CAA CCA-AFC

白色品种的眼睛呈明澈的蓝色

不要让它长时间单独留在家中，要多抽时间与它玩耍

体型：中等 | 体重：2.7~5.5千克 | 毛色：单色或具斑点，有白、黑、橙、巧克力等多种颜色

重点色短毛猫 Colorpoint shorthair cat

性情： *沉静、感情丰富、聪明、喜欢玩耍，对人很友好*
养护： *中等难度*

20世纪40年代，人们在美国、英国开始繁育带有暹罗猫特色的重点色猫。育种者拿暹罗猫、阿比西尼亚猫、红色短毛家猫以及美国短毛猫进行繁育。初始时遭遇了很多挫折，比如新种失去暹罗猫的特色等。20世纪80年代，用英国短毛猫和暹罗猫终于繁育成功，新猫种有暹罗猫的花色，个性沉静。该品种持续改进，于1991年在英国被认证。

形态 重点色短毛猫体型中等，头部浑圆，耳朵小且圆润，耳内多饰毛。眼睛圆大，吊眼梢。体型似暹罗猫，身躯整体显得矮胖，背部和四肢均略短。全身被毛颇似英国短毛猫，短且浓密。尾巴粗，尾尖呈圆形。足掌圆且结实。

耳朵小，直立精神，耳内饰毛多
重点色是与底色形成对比的颜色，可以是斑块或条纹状
眼睛是迷人的蓝色，间距较宽
颈部比较粗
短而密的绒毛，富有弹性，可将全身紧密地包住

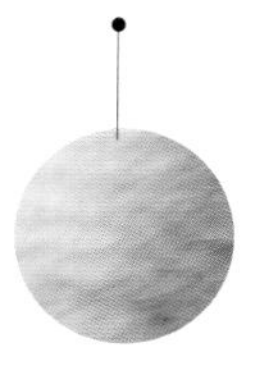

产地：英国 | 血统：英国短毛猫×暹罗猫 | 起源时间：20世纪80年代

习性 重点色短毛猫感情丰富，忠心耿耿，当主人心情不好时，它会坐在旁边或膝盖上，用“猫语”鼓励你。它智商高，容易学会听指令取物品的游戏。它喜欢温暖，耐热，大夏天也乐意待在主人腿上。它渴求人的关注，当你冷落它时，它会坚持着跟随左右，发出叫声。它跟暹罗猫一样爱说话。它的平均寿命为12~15岁。

养护要点 ❶ 重点色短毛猫不容易引发人过敏，大多数人可以放心饲养。❷ 长期出门或工作忙碌者最好不要养，因为它需要主人关注。❸ 每周梳毛，去除皮屑和掉毛。❹ 它不喜欢洗澡，多数不需要洗澡。喂给它蛋白质丰富的食物，帮它保持旺盛精力。

猫咪档案

别名：重点色

黏人程度	★★★★☆
生人友善	★½☆☆☆
小孩友善	★★★☆☆
动物友善	★★½☆☆
喜叫程度	★★☆☆☆
运动量	★★★★☆
可训练性	★½☆☆☆
御寒能力	★★☆☆☆
耐热能力	★★★★☆
掉毛情况	★☆☆☆☆
城市适应性	★★★★☆

品种标准

CFA　CCA

蓝色重点色短毛猫，重点色与被毛颜色形成强烈的对比，衬着闪烁迷人的蓝眼睛，如精灵一般

体型：中等 | 体重：3.5~7千克 | 毛色：常见乳黄、蓝、红、巧克力、海豹色等重点色

暹罗猫 Siamese cat

性情： *聪明伶俐、活泼好动、爱嫉妒*
养护： *中等难度*

我忌妒心强，大嗓门，被惹恼会大吵大闹，所以我的主人不是那么好当的

暹（xiān）罗猫是世界上著名的短毛猫，原产于泰国（旧称暹罗）。据说它最早时是一种矮胖的猫，后来越变越苗条，直至成为世界上体型最纤细的猫种之一。

最初，暹罗猫只在泰国的寺院和皇宫中饲养，足不出户，是猫中贵族。19世纪末，它被作为外交礼物赠予英、美等国家，备受喜爱，数量也持续增长。

形态 暹罗猫体型中等，头部呈近等边三角形，耳朵大且直立，眼睛呈杏仁形，两颊瘦削。颈部修长，四肢和身躯纤长无赘肉，后肢比前肢略长。被毛整体呈均匀的单色，鼻端、四肢、耳朵、尾巴会有色斑或少量阴影色。足掌小，呈椭圆形。尾巴细长，尖端略微卷曲。

看我的样子很精神吧

眼睛呈深蓝色、湖蓝色、浅蓝色或浅绿色，澄澈美丽

被毛整体呈浅色，面部、耳朵、四肢和尾巴常有深色或阴影色，极为醒目

一只理想的暹逻猫应是中等大小、身躯呈流线型、四肢和尾巴修长、全身没有多余脂肪

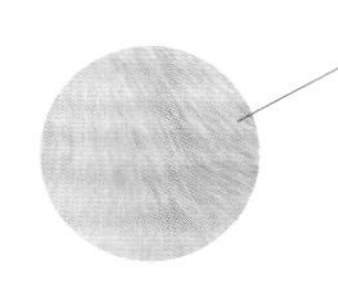

被毛短且纤细、浓密，泛着光泽

动作敏捷、气质高雅、相貌不凡，这些词形容我一点都不夸张

产地：泰国 | 血统：非纯种亚洲猫 | 起源时间：14世纪

习性 暹罗猫站立时尾巴总是高高地翘起，这也许是显示它高傲的、不肯服输的个性。它性格刚烈，嫉妒心很强，发起脾气来嗓门大，非常吵闹。它也有懂道理的一面，对主人忠心又善解人意，并像狗类一样忠诚。它不喜欢寒冷，喜欢温暖舒适的生活。小猫性成熟早，雌猫5个月就会发情，繁殖能力亦强，每年可产两胎，每胎产5~6只小猫。它的叫声响亮。在科学喂养下，它的平均寿命为12~20年。

养护要点 ❶ 暹罗猫对寒冷敏感，不要把室内温度调到很低，天冷不要放它出去。❷ 每周梳理1~2次毛发，参加猫展前提前数天为它洗澡。❸ 它并不适合被“遛猫”，遛的过程中极易发生意外和感染疾病。❹ 它的生殖器官与其他猫相比有显著的缺陷，适龄绝育可以避免大部分生殖器官相关的疾病。

猫咪档案

别名：泰国猫

黏人程度	★★★★☆
生人友善	★★★½☆
小孩友善	★★★½☆
动物友善	★★★½☆
喜叫程度	★☆☆☆☆
运动量	★★★★☆
可训练性	★★★★★
御寒能力	★½☆☆☆
耐热能力	★★★★☆
掉毛情况	½☆☆☆☆
城市适应性	★★★½☆

品种标准

CFA TICA AACE

ACF ACFA/CAA CCA-AFC

体型：中等 | 体重：2.5~5.5千克 | 毛色：均匀的白、米、象牙、粉灰等单色，允许被斑点

相传，泰国皇宫饲养暹罗猫的历史可以追溯到泰国曼谷王朝第五代君主拉玛国王五世时期（1853~1910年）。当时暹罗猫似娇贵的王子或公主，被仆人们伺候着，吃饭喝水用的碗都是用金银珠宝制作或镶嵌的，并且有专职厨娘负责全天候猫食供应，可谓享尽宫廷富贵。

暹罗猫传入欧洲后，很快赢得爱猫人士的青睐。英国著名影星费雯·丽是电影《乱世佳人》中女主角郝思嘉的扮演者，她因美丽、优雅、高贵和神秘的气质，常被誉为“猫一样的女子”，现实生活中，她最喜欢的小动物是一只和自己一样优雅与聪慧的暹罗猫。

泰国御猫 Khao Manee cat

性情： *聪明、活跃、亲近人*
养护： *中等难度*

泰国御猫通体雪白，被誉为“白宝石”。它的眼睛颜色有蓝、金黄色或一眼一色，十分奇异，又被誉为“金银眼”。在泰国，它的历史可以追溯至几百年前，但2009年才在世界猫协会(TICA）登记，2011年升格为“初级新品种”，2013年被列为“先进新品种”。在泰国，它早已为人们所知，据说还有助于招财。

形态 泰国御猫体型中等，头部呈等边三角形；耳朵大，耳间距宽；眼睛大，眼梢微倾斜，眼珠颜色奇异，又被称为“钻石眼猫”。颈部长度适中，四肢和身躯矫健，无赘肉和肥胖臃肿感，肌肉发达，运动能力强。全身被毛雪白、浓密且较短。尾巴雪白，粗长适中。

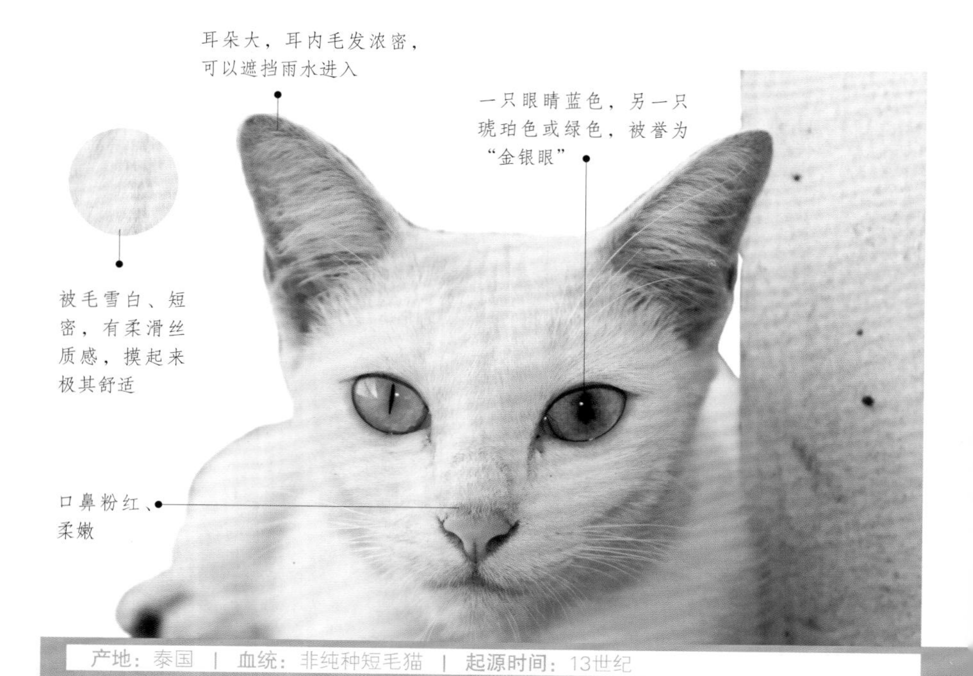
耳朵大，耳内毛发浓密，
可以遮挡雨水进入
一只眼睛蓝色，另一只
琥珀色或绿色，被誉为
“金银眼”
被毛雪白、短
密，有柔滑丝
质感，摸起来
极其舒适
口鼻粉红、
柔嫩

产地：泰国 | 血统：非纯种短毛猫 | 起源时间：13世纪

习性 泰国御猫非常外向、热情，喜欢“抱着”你的腿告诉你它想要什么。它好奇心旺盛，喜欢钻门后、橱柜里、架子上和壁炉角落。它适应室内生活，喜欢人作伴，对外出不热衷。它不喜欢被单独丢在家里，如果主人忙，可以再养一只性格外向的猫跟它作伴。它喜欢叫，声音很大，能清晰地表达诉求。它的平均寿命不详，较为长寿。

养护要点 ❶ 纯白色且有一只眼睛蓝色的猫容易单耳聋或双耳聋，这在泰国御猫中的发生率较低，但主人仍需留意。❷ 它不喜欢吃熟鸡肉、火腿和碎奶酪。❸ 它喝牛奶容易肠胃不适，请随时备有清水。❹ 它的毛短，容易护理，多抚摸利于去除落毛，增进光洁度。❺ 它养到6月龄可以阉割，约1岁性成熟。

猫咪档案

别名：白宝石

黏人程度	★★★★☆
生人友善	★★★☆☆
小孩友善	★★★⯪☆
动物友善	★★★☆☆
喜叫程度	★★☆☆☆
运动量	★★★☆☆
可训练性	★★⯪☆☆
御寒能力	★★★⯪☆
耐热能力	★★★★☆
掉毛情况	★★☆☆☆
城市适应性	★★★★☆

品种标准

TICA　GCCF

据说数百年前，我诞生于泰国的皇宫中，只有皇家才能拥有我，在1350年写就的《猫之诗》（*Tamra Maew*）中也谈到我。如此算来，我至少有近七百年的历史，可直至1999年，我才走出泰国，率先到达美国，至于登记时间就更晚了

体型：中等　|　体重：3.6~4.7千克　|　毛色：通体雪白

克拉特猫 Korat cat

性情：敏感、活泼、勇敢好斗、感情丰富、依恋主人

养护：中等难度

克拉特猫起源于泰国西北部的克拉特高原，故得名。

它历史悠久，是最早有记载的猫种之一，在泰国的上流社会深受宠爱。1896年，它首次参加英国猫展，却被认为是蓝色的暹罗猫。直至1959年它被引进美国，才获得品种登记，并于1966年得到CFA的承认。

秉性好斗，公猫素有“街巷斗士”之美称

形态 克拉特猫体型中等偏小，头部从正面看呈心形；耳朵大，耳基宽，耳尖圆润；额头扁平；眼睛圆大，微微上倾；鼻子较长；下巴紧实。颈部长度适中，躯体略显矮胖，背部微微隆起；四肢灵活、强壮，肌肉发达，后腿比前腿稍长。全身被毛银蓝色。脚爪椭圆形。尾巴中等长度，尾尖圆润。

我是猫咪中的音乐家，喵喵叫起来如乐声般动听

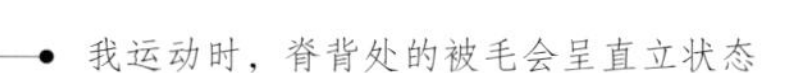

我运动时，脊背处的被毛会呈直立状态

被毛和俄罗斯蓝猫、夏特尔蓝猫一样，没有斑纹，呈清一色的蓝色，十分迷人

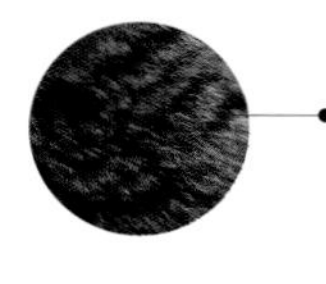

被毛短且浓密、柔腻、光滑，毛尖呈银色，使毛色整体有被霜感，从不同角度看会闪闪发亮，泰国人把这种光芒比作海涛或云的颜色

现在我是用四只腿走路，必要时我还可以用两只腿走给你看，酷吧？

产地：泰国 | **血统：**未知 | **起源时间：**14世纪初

习性 克拉特猫非常“两面派”：对其他猫不友好，对陌生人不信任，对主人却十分依恋。它喜欢在家里和外面玩，不寻衅滋事却不怕事，公猫有“街巷斗士”之美誉，在家里喜欢安静，不喜欢充满噪声和吵闹的家庭生活。它智商高，喜欢学习，训练后能掌握多种技能。公猫是一只好“奶爸”，对母猫和小猫呵护备至，是猫家庭中的模范。它的嗓音悦耳动听，如同音乐一般。它的平均寿命约为15岁。

养护要点 ❶ 不要给克拉特猫吃不容易消化的食品，要保证清水供给。❷ 定期给它刷牙，防止细菌侵入引起牙龈发炎。❸ 给它买一些磨爪物品，防止它抓坏家具、地板等，每1~2月至少帮它修剪1次指甲。❹ 用夸奖和赏赐来训练它，比用批评和惩罚效果要好得多。

猫咪档案

别名：呵叻猫

黏人程度	★★★★☆
生人友善	★★★☆☆
小孩友善	★★★★☆
动物友善	★★★☆☆
喜叫程度	★★★☆☆
运动量	★★★½☆
可训练性	★★★★☆
御寒能力	★★½☆☆
耐热能力	★★★☆☆
掉毛情况	★★☆☆☆
城市适应性	★★★★☆

品种标准

CFA FIFe TICA

AACE ACF ACFA/CAA

CCA-AFC

眼睛以绿莹莹的颜色为佳，幼猫常有琥珀色眼睛，往往到2岁眼睛颜色方固定

趣闻

克拉特猫历史悠久，古诗中形容它“眼睛光莹如莲叶上的露珠”。在泰国，它被视为“幸福与繁荣的象征”，常作为贺礼送给结婚的新人。

体型：中等偏小 | 体重：2.7~4.6千克 | 毛色：通体被毛银蓝色

新加坡猫 Singapura cat

性情：文静、好奇、敏捷
养护：中等难度

顾名思义，新加坡猫原产于新加坡，祖先是东南亚的野猫，现为世界上体型最小的家猫品种之一，多数体重两三千克，常被误认为是幼猫。它当初在新加坡时并不受宠，常流浪并寄居于下水道中。1975年，它被汤姆·梅多带往美国繁育并注册，从此改变了命运，成为备受追随的宠物猫。

瞧，我这样子有时候会被人误以为是一只大老鼠！
额上有“M”形斑纹

形态 新加坡猫体型较小，雌猫平均体重为1.8~2.7千克，雄猫略大。它头部呈圆形，耳朵大且醒目，耳基宽、耳端尖。眼睛杏仁形，较圆大。颈部长度适中，身躯和四肢给人柔弱的感觉，实际上肌肉结实。被毛呈深棕色具刺鼠斑纹。尾巴长度适中。

被毛短、细腻、柔滑
眼睛杏仁形、圆形或椭圆形，黄色、绿色或榛子色
当我在野外攀爬玩耍时，有人认为我是一只松鼠或地鼠

产地：新加坡 | 血统：非纯种斑纹短毛猫 | 起源时间：1975年

习性 新加坡猫有个突出的缺点：太好奇，喜欢到处乱钻，甚至钻进下水道里，弄得全身臭烘烘、脏兮兮，所以很多人不喜欢它。事实上，它性格文静、温驯，对主人感情很深、十分忠诚，不具攻击性和破坏性，家里有婴儿也可以放心饲养。它还懂得与人交流，能听懂人语，真正爱它的人难挡它的美丽。它的叫声小，多数时候很宁静，不会打扰人。它的平均寿命为12岁。

养护要点 ❶ 不要喂新加坡猫鸡骨、鱼骨等，不易消化，甚至会刺伤胃肠。❷ 每周给它梳毛1次，再用鹿皮擦一擦会使毛闪耀。❸ 每周给它刷牙一次，以预防牙周病。❹每几周修剪指甲1次。用柔软清洁的两块布分别给它擦拭眼角分泌物，防止交叉感染。❺ 每周检查一下耳朵，如果内部脏，用湿润棉球蘸苹果醋水混合液擦拭。❻ 它通常不需要洗澡。仅在室内饲养它为佳。

猫咪档案

别名：不详

黏人程度	★★½☆☆
生人友善	★★★★☆
小孩友善	★★★★☆
动物友善	★★★★★
喜叫程度	★★★☆☆
运动量	★½☆☆☆
可训练性	★★★☆☆
御寒能力	★★★★☆
耐热能力	★½☆☆☆
掉毛情况	★★★★☆
城市适应性	★★★★★

品种标准

CFA　TICA　AACE

ACFA/CAA　CCA-AFC

体型：较小 | 体重：1.8~4千克 | 毛色：被毛呈深棕色具刺鼠斑纹

孟买猫 Bombay cat

性情：*温和、聪明伶俐、感情丰富*
养护：*中等难度*

尾巴像棍子一样翘在身后
看我站立的姿势多么标准

孟买猫是在美国育成的著名短毛猫，它全身乌黑油亮，被称为“小黑豹”，充满野性魅力。

事实上，刚出生时它的毛色并不纯黑，常被有虎斑，长到四岁左右才从毛根至毛梢变成全黑。此时，配上金黄色或紫铜色的大圆眼睛，显得神秘又迷人，故又被称作“蒙娜丽莎”。

形态 孟买猫体型中等，头部浑圆，耳朵中等大小，耳尖呈圆弧形，眼睛圆大，眼间距较宽，鼻子较短。颈部长度适中，躯干修长结实，骨骼匀称，肌肉发达。四肢粗壮有力，与身体比例协调。全身被毛漆黑，幼时黑度稍浅并具斑纹。足掌椭圆形。尾巴长度适中。

体形似缅甸猫，乍看跟棕褐色的缅甸猫颇相似
我敏捷矫健，毫无赘肉，实际上可是个“大胃王”——食量很大哦
漆黑油亮的短毛紧贴身体，质地细密，手感柔滑
我好奇贪玩，但自控力佳，善于捕猎
我十分壮实，体型中等，体重却不轻，抱起来格外有分量

产地：美国 | 血统：缅甸猫×美国短毛猫 | 起源时间：20世纪50年代

习性 孟买猫看似一只小黑豹，实际上温驯、柔和、稳重、安静。它内心强大，能迅速适应环境，并有很强的自控力。它是社交高手，跟陌生人“自来熟”，跟小孩很亲热，对主人更甜蜜，喜欢被人搂抱，会愉悦地发出满足的咕噜声。它对其他猫族有戒心，有时会打架。它还会偶尔展现一下高超的捕猎能力，令人惊叹。它的叫声轻柔，略带顽皮感。它的平均寿命为15~20岁。

养护要点 ❶ 孟买猫的口味因猫而异，有的只吃猫粮，有的喜欢吃牛排，不要随意喂生肉，容易致病。❷ 时常抚摸或定期用刷子刷毛即可，它换季掉毛不明显。❸ 家里不要养有毒植物，哪怕放置很高也不行，它会吃它们，生病倒毙。❹ 不要让它玩毛线球和绳子，它会吞下去，引发胃肠病。

猫咪档案

别名：小黑豹

黏人程度	★★★★★
生人友善	★★★☆☆
小孩友善	★★★★☆
动物友善	★★★☆☆
喜叫程度	★★★★☆
运动量	★★★½☆
可训练性	★★★½☆
御寒能力	★½☆☆☆
耐热能力	★★★☆☆
掉毛情况	★☆☆☆☆
城市适应性	★★★★☆

品种标准

CFA TICA AACE

ACF ACFA/CAA CCA-AFC

外观似一只小型黑豹，性格却与外表相反：温驯柔和、稳重好静、不怕生、喜欢和人亲近

幼猫出生时眼睛是蓝色，后来变成灰色，成年后变成金色或深紫铜色

体型：中等 | 体重：2.7~5千克 | 毛色：全身漆黑闪亮，短毛紧贴身体

孟加拉猫 Bengal cat

性情： *温柔、友善、易激动和尖叫*
养护： *中等难度*

用“野性十足”来形容孟加拉猫毫不过分，它本身就是家猫和野猫（亚洲豹猫）杂交诞生的品种，被毛布满狂野华丽的斑纹，极其特别——大大的斑点呈水平状分布，好似玫瑰花形，美丽诱人。

因具有野猫的基因，孟加拉猫比其他猫咪更容易激动，不论高兴抑或恐惧，总爱发出抑制不住的尖叫声。

头部在整个身体中比例稍显小
一举一动充满平衡和力量的美感

形态 孟加拉猫体型大，头部呈楔形；耳朵中小，耳基宽阔，耳尖浑圆；眼睛近圆形，眼间距宽；下巴紧实。颈部长，与身体比例协调一致。躯干结实、修长，肌肉强劲。四肢中等长度，后肢比前肢稍长。全身被毛短且浓密，毛色华丽，具斑点或大理石纹。脚掌肥厚浑圆。尾巴纤细，中等长度，末端为圆锥形，似皮鞭。

我看起来强健又结实，绝不会给人娇滴滴、弱不禁风的感觉

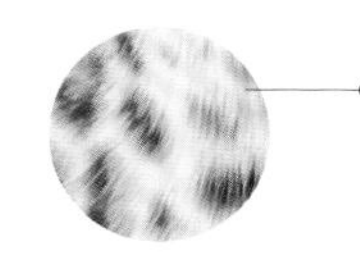

被毛短至中长，浓密、华丽，有斑点或大理石纹，摸上去有丝绸一般的触感

我的肢体特别灵活，站、坐、跑诸般动作流畅，可一气呵成，而且好奇心强，总有使不完的力气

产地：美国 | 血统：亚洲豹猫交叉配种 | 起源时间：1963年

习性 豹猫是和平主义者，多数不具有攻击性，受训后服从命令，像狗一样会玩“你丢我捡”的游戏。它个性也似狗，对主人忠诚，对他人友善，能跟其他宠物友好相处。有些豹猫喜水，可跟主人一起游泳玩水。由于继承了野外祖先的血统，它身体健壮，没有遗传病或缺陷。它的叫声独特，非普通喵喵叫。它的平均寿命为12~16岁。

养护要点 ❶ 豹猫看起来令人生畏，建议套上绳子后再带它到户外游玩。❷ 不要让它跟孩子单独相处。❸ 不要把宠物鸟类、鼠类和它同养，会遭到它的伤害。❹ 它的被毛比普通家猫短，掉毛也少。❺ 它喜欢待在高处，记得给它买猫爬架或者在墙上钉木板营造跳高的空间。

猫咪档案

别名：豹猫

黏人程度	★★★☆☆
生人友善	★★⯪☆☆
小孩友善	★★★☆☆
动物友善	★★★☆☆
喜叫程度	★☆☆☆☆
运动量	★★★★☆
可训练性	★★★⯪☆
御寒能力	★★⯪☆☆
耐热能力	★★★⯪☆
掉毛情况	★☆☆☆☆
城市适应性	★★★☆☆

品种标准

FIFe TICA ACF

AACE ACFA/CAA GCCF

体型：大 | 体重：5.4~10千克 | 毛色：多种颜色和斑纹，常见金、银、象牙翡翠等色

缅甸猫 Burmese cat

性情： *活泼好动、勇敢、聪颖、爱撒娇*
养护： *容易*

我很活泼，总像怎么都玩不够似的
我体重偏重，抱起来沉甸甸的，常被称为“包在丝绸里的砖”

缅甸猫看起来圆乎乎的，丰腴可爱，活泼好动，叫声轻柔。最迷人的是它那一双大大的眼睛，金色或琥珀色，与暹罗猫杂交时也可能生成蓝色或绿色眼睛。当它望向你时，眼神无辜又充满诱惑力，令人难以抗拒。它较早熟，7个月大就可交配产仔，而且寿命较长，通常16~18岁甚至更长，这样可以多子多孙哦。

形态 缅甸猫体型中等，头部圆润，耳朵间距大，耳尖圆润，脸颊浑圆丰满，眼睛大且圆溜，眼神丰富，口吻短。颈部长，胸部圆滚滚且较宽，背部平直。四肢细长，骨骼强健，肌肉有力。全身被毛短且浓密，常见毛色为棕色、黑紫色。尾巴长，基部粗，向尾尖渐细，似一个小皮鞭。

眼睛下角线为圆形，上角线斜向鼻部

我看起来圆乎乎的，但并没有赘肉，身手也很矫健，更重要的是性格好，易相处

被毛短、密、柔腻，似丝绸般光滑细致，没有斑点和皱纹；毛色多样，有巧克力色、奶油色、蓝色等

四肢苗条紧致，与躯体协调一致，且活动灵巧、有力

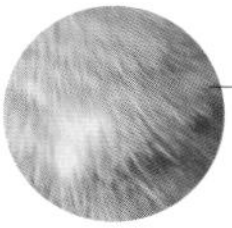

产地：泰国 | 血统：非纯种短毛猫 | 起源时间：15世纪

习性 缅甸猫活泼俏皮，像只玩不够的淘气猫。它能与狗友好相处，个性也像狗：会叼东西，喜欢跟人，也能迅速地学会坐汽车旅行。如果主人生活寂寞，它就是一枚开心果，会坐在书或文稿上给你伴读，或钻进纸箱里示范整理东西。母猫像个管家婆，喜欢主持家务。公猫则喜欢蹲在主人的膝头，不多发表意见。它很爱叫，声音轻柔、甜美。它较早熟，5个月左右开始发情，7个月可以交配产仔。它的寿命平均为16~18岁。

养护要点 ❶ 缅甸猫的被毛很短且光滑如丝，不需要每周梳理，也不需要洗澡，用手抚摸或晚春换毛时节用刷子刷刷即可，去除落毛。❷ 每天供给成年猫1~2碗猫粮，常备清水；允许小猫敞开量吃。❸ 它喜欢被抱着或蹲在人的肩头“旅行”。❹ 它不喜欢被过度限制，不要禁止它做很多事。❺ 及早让它习惯剪指甲和坐宠物车出门。

猫咪档案

别名：缅甸短毛猫

黏人程度	★★★★★
生人友善	★★★★☆
小孩友善	★★★★☆
动物友善	★★★★★
喜叫程度	★☆☆☆☆
运动量	★★☆☆☆
可训练性	★★★☆☆
御寒能力	★★★☆☆
耐热能力	★★☆☆☆
掉毛情况	★★★☆☆
城市适应性	★★★★☆

品种标准

CFA FIFe TICA

AACE ACF CCA-AFC

体型：中等 | 体重：4~7千克 | 毛色：多种颜色，常见的有棕色、黑紫色

缅甸猫起源于泰国，大部分分布在缅甸仰光。20世纪30年代，美国科学家约瑟夫·托普森博士（Joseph Thomson）从仰光带回一只雌猫到美国，将之与美国短毛猫、暹罗猫等交配繁殖，最后培养出今天的缅甸猫，并于1936年获得认证。

欧洲缅甸猫 European Burmese cat

***性情：**聪颖、温柔亲切、十分忠诚*

***养护：**容易*

1930年，美国旧金山的约瑟夫·汤普森博士从一位水手那里买了一只产自缅甸的母猫——“黄猫”，它可能是缅甸猫和暹罗猫的杂交品种。在后来的繁殖过程中，黄猫与暹罗猫杂交过，生出纯色和重点色的幼猫，其中纯色的幼猫又被继续用于繁殖出欧洲缅甸猫。

深情的眼神和甜美的表情，会迷倒一大片哦

形态 欧洲缅甸猫体型中等，姿态典雅，头部圆润，两耳基部宽，眼睛大，下颌宽。身体中等长度，骨架均衡，肌肉健硕。四肢与身体比例适当，后腿比前腿稍长，脚部小且呈卵形。被毛短，非常光滑，手感如缎。尾巴中等长度，从基部至尾尖渐细。

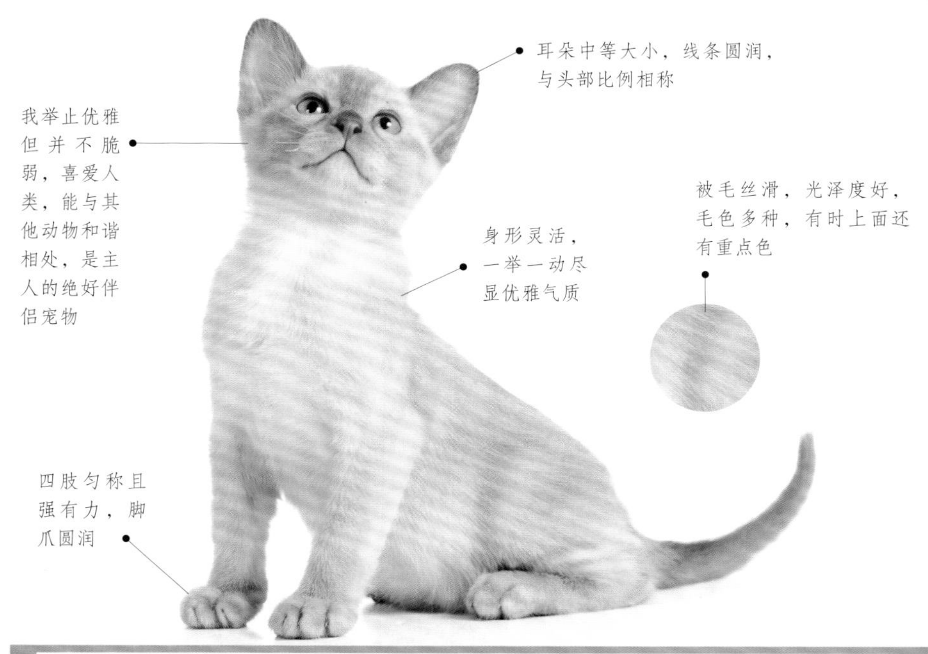

产地：美国 | **血统：**缅甸猫×暹罗猫×其他 | **起源时间：**20世纪50年代

习性 欧洲缅甸猫长相优雅，但并不脆弱，它性格外向，对人很友好，尤其喜欢儿童，跟孩子一起可以玩得很“high”。它对主人感情深厚，极其忠诚。它能跟家里的其他宠物，无论猫或狗，友好相处。它的精力仿佛永远用不完，喜欢领导其他猫种玩耍，是个“猫王”。它智商很高，学习能力强，经训练会很快掌握一些小游戏。它的叫声温柔甜美，懂得向主人表达自己的诉求。它的平均寿命约15岁。

养护要点 ❶ 欧洲缅甸猫容易照料，平时不需要洗澡，定期用橡皮刷子刷刷毛即可。❷ 它喜欢抓挠，主人要提供磨爪棒，定期给它修剪指甲，以免抓坏物品。❸ 尽量在室内饲养，给它做好绝育手术，这样会使它更健康、长寿。❹ 领养的小猫最好选12~16个月大的，并且注射过疫苗。

猫咪档案

别名：不详

黏人程度	★★★★☆
生人友善	★★★½☆
小孩友善	★★★★☆
动物友善	★★★½☆
喜叫程度	★★★☆☆
运动量	★★½☆☆
可训练性	★★★☆☆
御寒能力	★★★☆☆
耐热能力	★★½☆☆
掉毛情况	★★☆☆☆
城市适应性	★★★★☆

品种标准

CFA FIFe TICA

AACE ACF CCA-AFC

体型：中等 | 体重：3.5~7.5千克 | 毛色：多种颜色，常见红、奶油、棕、玳瑁、巧克力色等

东奇尼猫 Tonkinese cat

性情： *聪明、活跃、外向、亲近人、忠诚*

养护： *容易*

东奇尼猫是暹罗猫和缅甸猫杂交品种，目的是培育出兼具父母优点和好性情的猫种，名字源于印度的东奇尼地区（Tonkin），事实上它跟此地毫无关系。它有“dog cat”之美名，性情像狗，对主人特别忠诚，而且也能跟犬族们迅速地熟稔并结成好朋友，平日里喜欢四处走动，在室内外活泼地玩耍。

形态 东奇尼猫体型介于暹罗猫和巴厘猫之间，不胖也不瘦。头部似暹罗猫，呈楔形但稍圆润，双耳长在头部的两侧，前端较圆。它的眼睛呈杏仁形，绿宝石色，闪烁着非常迷人。总体而言，它身强体健，肌肉发达；四肢细长、结实、有力；被毛光滑、浓密且极为柔软，皮质很好，有点像貂皮，有的猫被毛上有重点色，不过远不如暹罗猫明显。尾巴长度适中，基部宽，不粗，向尖部逐渐变细。脚爪小，呈椭圆形。

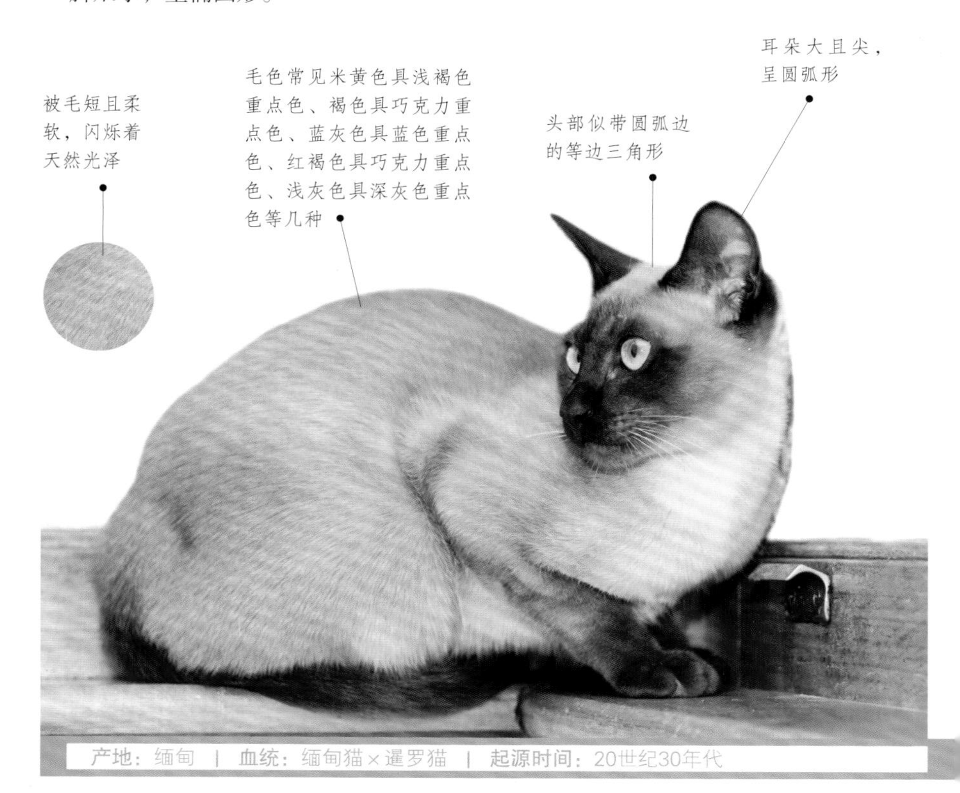
被毛短且柔软，闪烁着天然光泽
毛色常见米黄色具浅褐色重点色、褐色具巧克力重点色、蓝灰色具蓝色重点色、红褐色具巧克力重点色、浅灰色具深灰色重点色等几种
头部似带圆弧边的等边三角形
耳朵大且尖，呈圆弧形

产地：缅甸 | 血统：缅甸猫×暹罗猫 | 起源时间：20世纪30年代

习性 东奇尼猫对人类出奇得友好，是天生的社交家，它会成为你的“门童”，随时准备欢迎陌生人。它也会迅速地适应新家的生活，和主人打成一片。它会跳上你的肩膀、膝盖，热情地看着你的一举一动。它感觉敏锐，记忆力强，常可以翻出主人忘记的物品。它受训后可以表演叼玩具、比赛等，十分有趣。它的叫声声调似缅甸猫，甜美、柔软却充满坚持，似鸭子在轻轻地呱叫。它的平均寿命为10~16岁。

养护要点 ❶ 不要让东奇尼猫接触未打过疫苗的宠物。❷ 尽量室内养，外出后它的社交天性可能会招致危险。❸ 每次抱它、抚摸它之前和之后都用灭菌肥皂彻底洗净手。❹ 不要喂它喝放置24小时以上的猫奶。❺ 每周给它剪指甲，定期用橡皮刷子刷毛。

猫咪档案

别名：越南猫

黏人程度	★★★½☆
生人友善	★★★★☆
小孩友善	★★★★☆
动物友善	★★★★★
喜叫程度	★★☆☆☆
运动量	★★★★☆
可训练性	★★★½☆
御寒能力	★★★★☆
耐热能力	★½☆☆☆
掉毛情况	★★★☆☆
城市适应性	★★★★★

品种标准

CFA　TICA　AACE

ACF　ACFA/CAA　CCA-AFC

体型：中等 | 体重：2.5~5.5千克 | 毛色：米黄色、褐色、蓝灰色、红褐色等

波米拉猫 Burmilla cat

性情： *生性随和，活泼可爱，是一个佳友*
养护： *容易*

1981年，英国米兰达·冯·克奇伯格男爵夫人养了一只银色的金吉拉长毛猫公主Sanquist，并将她许配给一位金吉拉王子。可是，在结婚前夕，金吉拉公主无意间邂逅了一位淡紫色的缅甸猫王子Faberg é，产生了爱情，生出爱的结晶——4只超可爱的波米拉猫。1983年，波米拉首次登上猫协会的展示会。

▲ *睁大眼睛，神情专注地侧耳聆听*

形态 波米拉猫体型中等，头部呈短楔形；两耳间距适中，中等偏大，耳尖稍浑圆。眼睛绿色，鼻子红褐色，下巴结实。全身被毛闪闪发光，毛紧贴身体，细短且柔软。四肢毛茸茸且灵巧。尾巴中等粗细，向尾端渐尖。

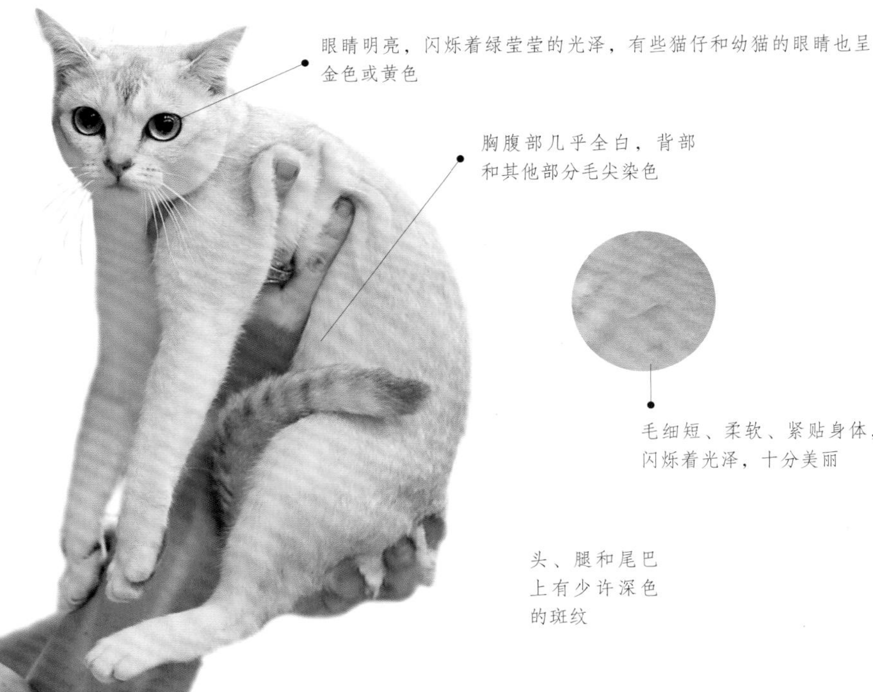

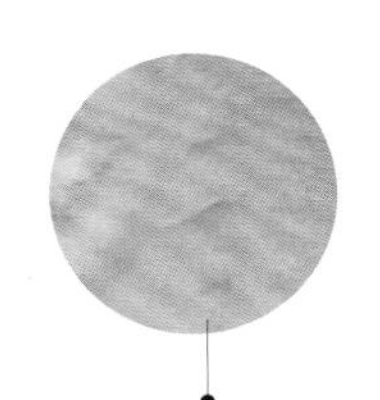

眼睛明亮，闪烁着绿莹莹的光泽，有些猫仔和幼猫的眼睛也呈金色或黄色

胸腹部几乎全白，背部和其他部分毛尖染色

毛细短、柔软、紧贴身体，闪烁着光泽，十分美丽

头、腿和尾巴上有少许深色的斑纹

产地：英国 | **血统：**缅甸猫×金吉拉长毛猫 | **起源时间：**1981年

习性 波米拉猫很温柔，喜欢主人怜爱它，抚摸它的肚子。它外向、友好、社交能力强，尤其喜欢小孩，跟其他动物也能友好相处。它不像缅甸猫那么吵和高要求，但比金吉拉猫更好奇，喜欢冒险，在白天里，它是一个玩耍高手，是一个杰出的爬高和跳远健将，在晚上也很安静。它的平均寿命为7~12岁。

养护要点 ❶ 它喜欢攀爬高处，最好经常带它去有树和栖木的环境中玩耍。❷ 每天抽出时间把它抱在怀里抚摸一下，满足它的情感需求。❸ 每天给它梳毛，去除掉毛和皮屑。❹ 它需要吃营养均衡的食物，包括生肉、罐头和干粮。❺ 它长得很“实在”，沉甸甸的，要注意控制它的体重，让它多运动。

猫咪档案

别名：博美拉猫

黏人程度	★★★★☆
生人友善	★★★☆☆
小孩友善	★★★★☆
动物友善	★★★½☆
喜叫程度	★½☆☆☆
运动量	★★★½☆
可训练性	★★★☆☆
御寒能力	★★★☆☆
耐热能力	★★★☆☆
掉毛情况	★½☆☆☆
城市适应性	★★★★★

品种标准

FIFe ACF

CCA-AFC

圣诞节的晚上，把我打扮起来，一起庆祝吧——你看到的是一只圣诞猫咪

体型：中等 | 体重：3~6千克 | 毛色：多种颜色，包括白、黑、蓝、巧克力、奶油和丁香色等

苏格兰折耳猫 Scottish fold cat

性情： *安宁、少动好静，喜欢与人作伴*
养护： *中等难度*

苏格兰折耳猫的耳朵是折的，首次出现于苏格兰，故得名。据说，1961年，在佩斯郡（Perthshire）的库珀安古斯（Coupar Angus）附近的农场上出现了一只名叫苏西（Susie）的小白猫，她的耳从中部内折，看起来似猫头鹰。苏西生了子女，有两只也是折耳的。其中一只折耳猫被附近的农夫兼猫痴威廉罗斯（William Ross）收养了，他1966年申请登记了该猫种。

形态 苏格兰折耳猫体型中等，看起来圆溜溜的。头部圆形，前额鼓，脸颊圆。耳朵中等大小，向前翻折。眼睛圆溜溜的。鼻子短宽。下巴结实。脖颈短至中长。身躯矮胖，四肢肌肉结实。被毛短且厚，十分密实。尾巴基部粗大，向尾尖渐细，柔软灵活。脚掌浑圆齐整。

眼睛大而圆，眼间距大，颜色跟毛色很相称
被毛具弹性，生长密，如丝一般，像穿了一件绒外套
我刚出生时耳朵并不折，约三四周后耳朵才开始下折

产地：英国 | 血统：非纯种短毛猫 | 起源时间：1961年

习性 苏格兰折耳猫性格平和，对猫猫狗狗们十分友好，对主人温柔有爱，很珍惜家庭生活。它喜欢静静地坐着或卧着，观看主人做事，不发声打扰，其他时候喜欢平躺着睡大觉。所以，喜欢安静的主人和老人们特别适合饲养它，多一位亲和的家庭成员却不被过多打扰。它运动天赋虽一般，适应能力却强，能较快融入新环境。它的叫声柔和，不吵人。它的平均寿命约10~15岁。

养护要点 ❶ 不要把坐着或躺着的苏格兰折耳猫赶起来，强迫它奔跑跳跃，天生的缺陷使它运动时充满痛苦。❷ 喂食固定品牌的猫粮以免它腹泻。❸ 每周梳毛1次。换毛期间它喜欢舔毛，要定期喂它吐毛球膏，以减少肠胃不适。❹ 天气湿度长期超过60%时，要留心它的皮肤，发现皮肤病及时去看兽医。

猫咪档案

别名：苏格兰塌耳猫

黏人程度	★★★★★
生人友善	★★★★☆
小孩友善	★★★★★
动物友善	★★★★☆
喜叫程度	★½☆☆☆
运动量	★★★☆☆
可训练性	★★½☆☆
御寒能力	★★★★☆
耐热能力	★★☆☆☆
掉毛情况	★★☆☆☆
城市适应性	★★★★☆

品种标准

CFA TICA AACE

ACFA/CAA

我有着糖果般甜美的性格，喜欢参与主人的活动，但多数时候只是静静地待着，最适合陪伴你在草地上休息了；我安宁，喜欢坐立还因为患有先天骨科疾病，这种姿势可以缓解痛苦哦

除了短毛和折耳型，我还有长毛或立耳型，耳朵竖起来的又叫苏格兰立耳猫（Scottish straight）

体型：中等 | 体重：2.4~6千克 | 毛色：多种毛色，除巧克力、淡紫等色以外

阿比西尼亚猫 Abyssinian cat

性情： *好奇心重，对人友善*
养护： *容易*

相传，1868年，一位英格兰士兵从埃及亚历山大港带回一只小母猫，名叫“祖菈”。后来，人们把她与英国短毛猫交叉配种，从而产生了新的猫种，并于1882年获得品种认可。从外貌上看，阿比西尼亚猫就像绘画或雕塑中的古埃及猫一样，优雅的姿态、灵活的肢体、充满灵性的大眼睛，美丽又神秘。

耳朵极警觉
高贵、优雅、神秘，这些词用来形容我毫不为过
举手投足间有一种王者气质

形态 阿比西尼亚猫体型中等，头部呈三角形稍圆润；耳朵大且尖，耳内长有饰毛；眼睛呈杏仁状，眼梢略吊。身躯柔软灵活，比例协调匀称，体态轻盈。尾巴长且尖，基部粗大，向先端渐尖，呈锥形。

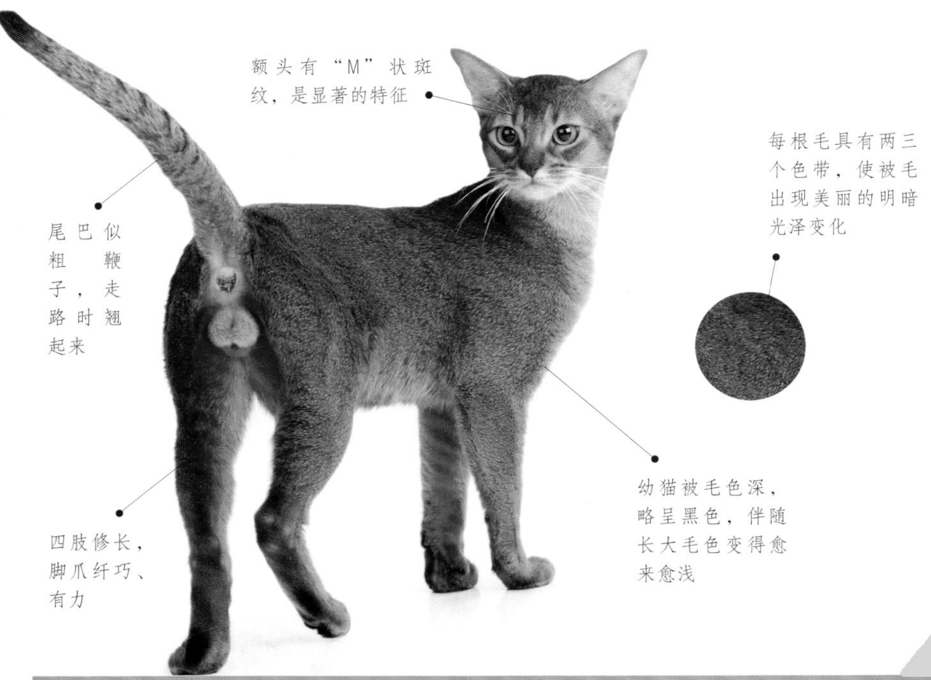
额头有“M”状斑纹，是显著的特征
每根毛具有两三个色带，使被毛出现美丽的明暗光泽变化
尾巴似粗鞭子，走路时翘起来
幼猫被毛色深，略呈黑色，伴随长大毛色变得愈来愈浅
四肢修长，脚爪纤巧、有力

产地：英国 | 血统：非纯种斑纹毛色短毛猫 | 起源时间：19世纪60年代

习性 阿比西尼亚猫温顺、开朗、活泼，喜欢生活在宽敞的环境中自由活动，不适合养在公寓里，因为它喜欢奔跑、玩耍，对爬树喜欢得不得了。它喜欢单独居住，又通人性，是理想的伴侣。不过它不喜欢陌生人，对突然出现的陌生人感到害怕，也讨厌人们把它抱起来。它的叫声悦耳，哪怕发情期也不会叫声过大。它每次产仔约4只，小猫刚出生时非常小，发育缓慢。人工饲养平均寿命12~15年。

养护要点 ❶ 最好在庭院里饲养阿比西尼亚猫。❷ 它怕冷，冬天时尽量少放出去，并注意保持室内温度。❸ 给它洗澡水温40~50℃，洗前给它滴上油性眼药水以保护眼睛；注意6月龄以内的小猫通常不要洗澡，6月龄以上每月洗2~3次，以免被毛油脂丧失，变得粗糙、脆且无光。

猫咪档案

别名：红阿比

黏人程度	★★★☆☆
生人友善	★★⯪☆☆
小孩友善	★★★★☆
动物友善	★★★☆☆
喜叫程度	★★☆☆☆
运动量	★★★★☆
可训练性	★★★☆☆
御寒能力	★★☆☆☆
耐热能力	★★★★☆
掉毛情况	★⯪☆☆☆
城市适应性	★★★⯪☆

品种标准

CFA FIFe TICA

ACF CCA-AFC

眼睛呈琥珀色、浅褐色或绿色，眼周有一圈深色色环，似画了眼线

毛质细致柔软，摸起来柔顺，但不喜欢被人抱在怀里抚摸，这一点不似其他猫咪

我喜欢独居、独处，如果你想养一只黏人的猫咪，不妨考虑其他猫种

体型：中等 | 体重：4.7~5千克 | 毛色：公认的毛色有两种，红褐色种和红色种

阿比西尼亚是埃塞俄比亚的旧称，它其实跟诞生于英国的阿比西尼亚猫种没有多大关系。

不过，关于其历史起源的争论一直没有停止过。在留存至今的古埃及神庙的木乃伊中，有一种血红色猫跟它很相似。所以，又有人认为它是古埃及神猫的后代。它的整体外观，包括体型、毛色和直立的耳朵等跟非洲山猫又颇为接近，所以也有人认为它是非洲山猫的后裔。

它的特性是喜欢攀爬，特别喜欢爬树，青睐在开阔的场地游荡、玩耍，并且喜欢独居和独自行动。所以，不太适合养在公寓里。

奥西猫 Ocicat

性情： *友善、机警、精悍、沉稳*
养护： *中等难度*

1964年，居住于美国密歇根州的弗吉尼亚·达利试图繁育出一只带有阿比西尼亚猫特征的暹罗猫，当繁育到第二代时，生出一只斑点猫汤加，被弗吉尼亚的小女儿昵称为“奥西猫”。后来，汤加被阉割并出售了，汤加的父母又生出多只斑点猫仔。后来，弗吉尼亚在另一位繁育者汤姆·布朗的帮助下，培育出奥西猫品种，现在世界各地均见饲养。

▲ *奥西猫的特征是被毛上具有充满野性的斑点纹，散发出野猫的精悍和家猫的沉稳气质*

形态 奥西猫体型中等偏大，头部圆润，耳朵基部阔、斜向前倾。眼睛大，除蓝色外有多种颜色。身形修长、强健，胸部宽阔，骨骼强健，肌肉发达，举手投足间尽显优美意味。被毛短密、柔软，底色上具斑纹，其中头、腿和尾巴上的斑纹颜色深。尾巴基部粗，向尾尖渐细。

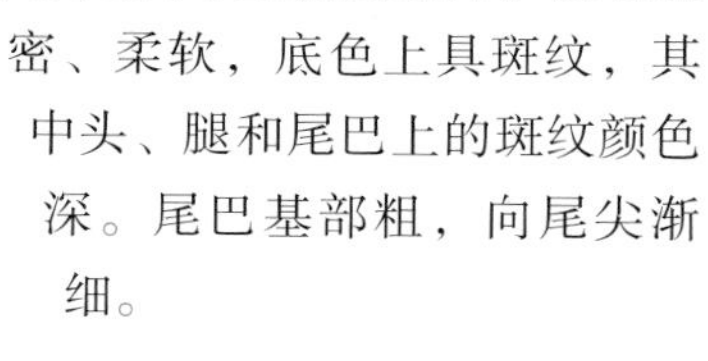

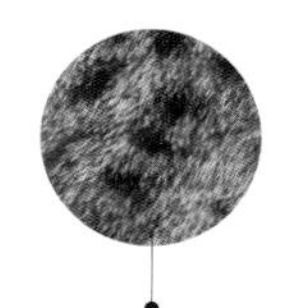

毛质细腻闪光，贴身，体毛一根一根，在底色部分较淡，斑点部分较浓

产地：美国 | 血统：暹罗猫×暹罗猫/阿比西尼亚猫 | 起源时间：1964年

习性 奥西猫看似野性十足，实则温柔多情，对人类充满热爱。不过，它倾向于只全心全意地对待一个人，其他人都要靠边站。如果主人把它单独留下，它希望能有别的动物作陪以度过孤独时光。它好奇，玩心大，爱爬到书架上跳舞取悦主人。它很聪明，受训后能听懂名字，还能掌握一些小游戏，比如向主人乞食等。它像祖先暹罗猫那样爱叫，不过不吵人烦，它只是想告诉你白天自己是怎样度过的。它的平均寿命为9~15岁。

养护要点 ❶ 奥西猫喜欢有较大的活动空间、很多玩具和多样的游戏。❷ 每周用橡皮刷子刷1次毛，去除落毛，再用麂皮擦一擦，使之油亮。❸ 平时不需要洗澡，参加猫展前洗一洗，使用猫咪专用香波。❹ 每周修剪1次指甲；每周清洁1次耳朵，防止异味和细菌感染。❺ 经常给它刷牙。

猫咪档案

别名：奥西

黏人程度	★★★☆☆
生人友善	★½☆☆☆
小孩友善	★★½☆☆
动物友善	★½☆☆☆
喜叫程度	★★★☆☆
运动量	★★★☆☆
可训练性	★★★☆☆
御寒能力	★★★☆☆
耐热能力	★★★☆☆
掉毛情况	★½☆☆☆
城市适应性	★★★☆☆

品种标准

CFA FIFe TICA

AACE ACFA/CAA CCA-AFC

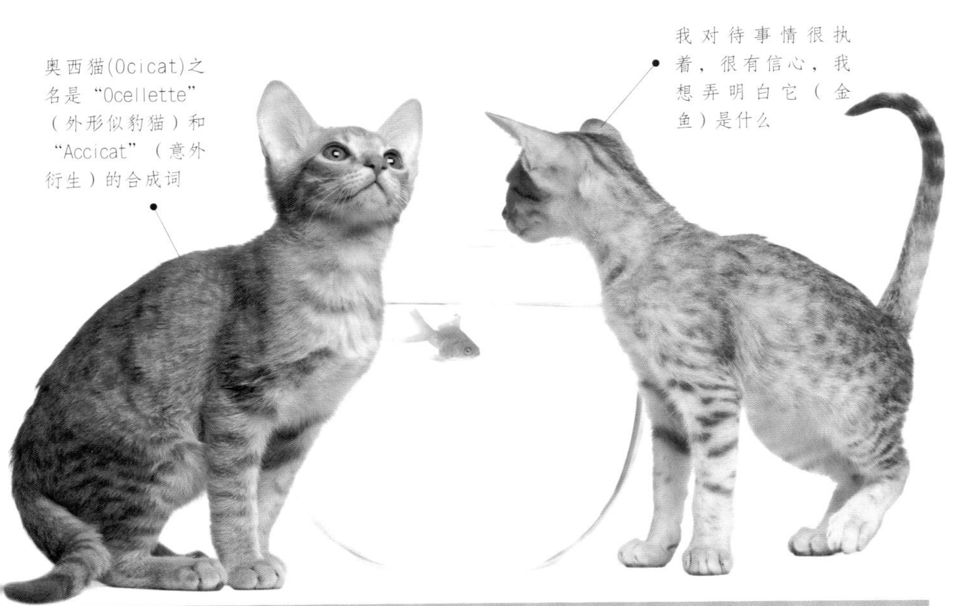

奥西猫(Ocicat)之名是“Ocellette”（外形似豹猫）和“Accicat”（意外衍生）的合成词

我对待事情很执着，很有信心，我想弄明白它（金鱼）是什么

体型：中等 | 体重：3.5~7千克 | 毛色：有巧克力、蓝、银白三种底色，上具斑点或花纹

非洲狮子猫 Chausie cat

***性情：**聪明、敏捷、好动，是野性和温驯的混合体*

***养护：**中等难度*

20世纪60年代末70年代初，有人进行丛林猫和家猫杂交实验，旨在培养出新的宠物品种。直至90年代，非洲狮子猫才被培养出来，并于1995年向TICA进行登记注册。自2001年5月至2013年4月，该猫种被TICA归为“新猫种”（New Breed Class），自2013年5月1日起，被归入“冠军组”（Championship）。现在，非洲狮子猫在北美和欧洲均见饲养。

形态 非洲狮子猫体型大，头部上宽下窄，呈等边三角形。耳朵基部宽阔，分开斜立。眼睛大，呈核桃形，颊骨高而尖，鼻子丰满多肉，下巴强壮、饱满。身形较长，健美强壮，四肢中等长度，后肢比前肢长。足掌小且圆。全身被毛较短，尾巴亦短。

耳朵大且有穗
幼猫被毛长，长大后变短
眼睛颜色常见两种，若被毛是咖啡色带虎斑纹的，则为金色；若被毛是黑色，则眼睛为黄色
我虽然野性十足，但不会攻击人

产地：法国 | 血统：丛林猫×家猫 | 起源时间：20世纪90年代

习性 理想的非洲狮子猫是胆大无畏、不会攻击人的，它需要主人投入关注以培养感情。家里最好没有小孩，以免被它壮硕的样子吓到或者惹恼它，让它失控并伤害人。它出门后因为傻大胆儿，容易惹祸，不过受训后可以听懂人的指令。它的叫声奇特，因猫而异，可发出尖声、啁啾声、汪汪声甚至咆哮声。它的平均寿命达20岁以上。

养护要点 ❶ 主人需要具备饲养野生动物的经验。❷ 家里不要摆设瓷器等易碎品，也不要敞开门窗，以免它逃走。❸ 经常带它去开敞的地方放风，让它攀爬、窥探。❹ 消化容易出问题，有些猫要吃无筋猫粮。每半年带它去看1次兽医。

猫咪档案

别名：狮子猫

黏人程度	★★★★☆
生人友善	★★★☆☆
小孩友善	★★★★☆
动物友善	★★★★☆
喜叫程度	★☆☆☆☆
运动量	★★★★☆
可训练性	★★★☆☆
御寒能力	★★★☆☆
耐热能力	★★½☆☆
掉毛情况	★½☆☆☆
城市适应性	★★★★☆

品种标准

TICA

趣闻

相传在数千年前的古埃及，丛林猫和家猫就进行杂交诞生新的猫种并生活在北非的尼罗河三角洲地带。古埃及人把家猫当作宠物饲养。在古埃及神庙里，人们也发现了许多家猫的木乃伊，其中也不乏混入的丛林猫。丛林猫生性胆大，它们常常出现在废弃建筑物中或野外河流的灌溉渠附近，经常邂逅家猫并诞下后代。

体型：大 | 体重：6.75~13.5千克 | 毛色：三组颜色，咖啡色杂斑点、黑色和银色

肯尼亚猫 Sokoke cat

性情： *活跃贪玩、生机勃勃、温柔，是主人的好伴侣*
养护： *中等难度*

1978年，英国马匹和野生动物专家简妮·斯莱特在肯尼亚东部的海岸地区收养了一只雌猫和它的小猫，它们就是现代肯尼亚猫的鼻祖。后来，简妮的朋友格洛里亚将两只小猫带至丹麦，1980年开始改良育种，1983年诞生了肯尼亚猫，1992年在丹麦获得承认，1993年获得FIFE的认证。

形态 肯尼亚猫体型中等，头部楔形，上宽下窄。耳朵中等大小，基部宽，耳尖微圆。眼睛呈杏仁形，眼间距适度。下颌宽且有力。身躯修长，比例匀称，骨骼强健，肌肉发达。四肢修长，后肢稍长于前肢。足掌椭圆形。全身被毛浓密，具棕色斑纹，似花岗岩纹，非常美丽。
尾巴长度适中，基部粗，尾尖细、黑色。

头部与身躯相比，略微显小
颧骨高；眼睛大，琥珀色到淡绿色，清澈迷人；鼻子稍有凹陷
被毛短，每根毛发都具相间色
我的寿命长达20年，通常会花8~10个月从小猫长成大猫
人工繁育后仍保留野猫的特征——后肢长于前肢

产地：丹麦 | 血统：非纯种短毛猫 | 起源时间：20世纪80年代

习性 肯尼亚猫极为稀少，截至2008年在西方国家数量不超过50只。它的性情很像狗，会坐在门口迎主人，会跳起来欢迎。因为祖先是森林猫，它的脚趾比普通家猫长，是爬树高手，多数时间在树上度过，贪婪地捕食昆虫，有时窜到屋顶上。它个性独立，但不喜欢孤独，喜欢跟其他猫、狗一起玩甚至一同睡觉。它有要求时会非常吵闹，得到满足后则不吭声。它的平均寿命为12岁以上。

养护要点 ❶ 肯尼亚猫的毛非常短，不耐寒，需要生活在温暖的环境中。❷ 它喜欢生活在开阔有树的环境中，如乡下庭院、别墅等，不适合住高层公寓。❸ 它不喜欢被主人抱着坐在腿上。❹ 它喜欢捕猎、抓老鼠，为预防瘟疫，需要去兽医院注射疫苗。

猫咪档案

别名：非洲短毛猫

黏人程度	★★★★☆
生人友善	★★★☆☆
小孩友善	★★★★☆
动物友善	★★★★☆
喜叫程度	★☆☆☆☆
运动量	★★★★☆
可训练性	★★★½☆
御寒能力	★★★☆☆
耐热能力	★★★½☆
掉毛情况	★☆☆☆☆
城市适应性	★★★½☆

品种标准

FIFe TICA

CCA-AFC

在保护领地不受侵犯时常爱发出喵喵叫声，雌猫一年至少繁育两窝，雄猫协助养育猫仔

我个性独立，好动不好静，擅长游泳和攀爬

体型：中等 | 体重：约4.5千克 | 毛色：棕色、肉桂色具斑纹

哈瓦那棕猫 Havana brown cat

***性情：**聪明伶俐、活泼爱玩、好奇心强*
***养护：**中等难度*

眼睛绿色，晶莹透亮，衬着棕色被毛很漂亮

哈瓦那棕猫的被毛、胡须和鼻子都是褐色的，与古巴著名的哈瓦那雪茄烟颜色一样，故得名。它19世纪进入欧洲，至1930年形成一个全棕色品种——人们相信全棕色的猫可以保护主人，使主人免遭厄运。后来，为了使它的棕色被毛更漂亮，英国繁育专家做了很多配种试验，直至1953年培育出今天的哈瓦那棕猫——拥有更加浓艳、温暖的赤褐色被毛！

形态 哈瓦那棕猫体型中等，头部上宽下窄，稍呈倒三角形。耳朵大，稍前倾且顶端浑圆，下颌结实。眼睛大，卵圆形。身形细长，腰高背平，比例协调。四肢长且苗条。被毛中长，浓密，紧贴体表，富有光泽。尾巴中等长度，先端较细。

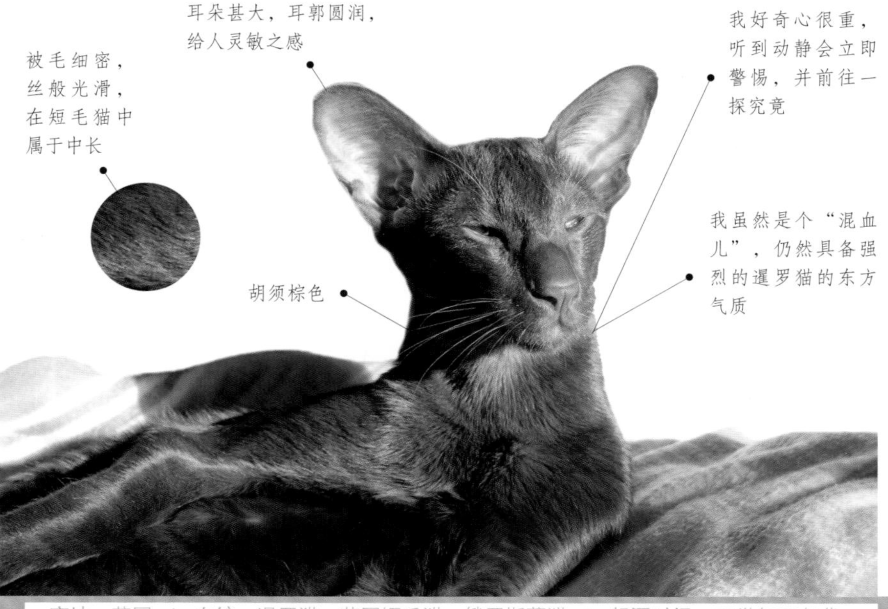
耳朵甚大，耳郭圆润，给人灵敏之感
被毛细密，丝般光滑，在短毛猫中属于中长
我好奇心很重，听到动静会立即警惕，并前往一探究竟
我虽然是个“混血儿”，仍然具备强烈的暹罗猫的东方气质
胡须棕色

产地：英国 | 血统：暹罗猫×英国短毛猫×俄罗斯蓝猫 | 起源时间：20世纪50年代

习性 哈瓦那棕猫在世界上极为稀少，据估计不到1000只。它对人类充满热爱，依恋人，恋家，需要高度受重视，喜欢像狗一样跟随主人左右，且尤其喜欢孩子。它好奇心重，会用爪子到处探索，还喜欢玩玩具。它比暹罗猫更喜欢叫，多数时候叫声柔细，很友好地同人交流。它对后代充满关爱，尤其是母猫，会跟小猫呢喃私语，尽享天伦之乐。它的平均寿命为12~14岁。

养护要点 ❶ 经常不在家或忙碌的主人不要饲养哈瓦那棕猫。❷ 它不太掉毛，每周梳理1次即可。定期给它修剪指甲和清洁耳朵。❸ 尽量让它待在室内，免受其他动物攻击或被传染疾病。❹ 夏天每两周洗1次澡，冬季每个月洗1次。❺ 给它吃营养均衡的猫粮，以保持被毛油亮；稍稍加热，以散发香味勾起它的食欲。

猫咪档案

别名：哈瓦那猫

黏人程度	★★★★☆
生人友善	★☆☆☆☆
小孩友善	★★★☆☆
动物友善	★☆☆☆☆
喜叫程度	★★★☆☆
运动量	★★½☆☆
可训练性	★★★★☆
御寒能力	★★★☆☆
耐热能力	★★★☆☆
掉毛情况	★½☆☆☆
城市适应性	★★★★☆

品种标准

CFA TICA AACE

ACFA/CAA CCA-AFC

鼻梁凹陷

我活泼贪玩，温柔，是主人的“铁粉”，喜欢柔声美妙地喵喵叫跟主人说话，不喜欢陌生人

体型为东方细长型，腰高背平，全身肌肉富有动感

趣闻

哈瓦那棕猫最早可能起源于东南亚一带，19世纪时作为暹罗猫的一个分支到达英国。在1894年举行的一次猫展上，它首次亮相，被形容为“披着一身茶色的光滑皮毛、有着蓝绿眼睛的暹罗猫”。至于它后来的得名，有些历史学家坚持它得名于相同颜色的哈瓦那兔。不管如何，如果棕色的猫咪能给主人带来平安喜乐的话，还是值得饲养的，况且它又那么聪明、亲近主人呢！

体型：中等 | 体重：2.5~4.5千克 | 毛色：棕色、赤褐色

埃及猫 Egyptian Mau cat

***性情：**活泼、敏感、机灵，不喜欢剧烈运动*

***养护：**容易*

埃及猫最早出生于埃及，是最早出现的家猫品种。现代的埃及猫诞生于二战期间，当时一位流放意大利的俄国公主特鲁茨柯伊在罗马收到一件礼物：一只从开罗引进、身上有斑纹的猫。她将小猫与意大利猫交配，生下两只小猫。1956年，公主带着猫咪到达美国定居，并于次年在美国注册和首次参展。

形态 埃及猫体型小至中等，头部圆润，两耳分开，斜倾直立。眼睛呈杏仁形，圆大。身形匀称，四肢肌肉强健，后肢稍长于前肢。脚掌纤细，略呈椭圆形，后脚脚趾长。尾巴长短适中，尾端较细。

眼睛闪烁莹莹绿光，在黑暗中颇具神秘感
额头的眉宇之间有一个圣甲虫图案
身形既有缅甸猫的紧凑又有暹罗猫的优雅
花纹只出现于毛尖
直立时后肢高，似踮起脚尖，似袋鼠，颇显淘气

产地：埃及 | 血统：非纯种短毛猫 | 起源时间：20世纪50年代

习性 埃及猫的性情较特别，它对其他猫咪充满敌意，会发动攻击，还迫不及待地躲开陌生人，不过它对主人很好，会坐在门口热切地迎接主人回家。它聪明灵活、敏捷迅速，在户外懂得避开危险，非常适宜在户外活动，奔跑速度在家猫中数第一，可达每小时48千米。它对温度敏感，喜欢温暖，对药物和麻醉剂也很敏感。它快乐的时候会摇尾巴，还喜欢为自己划分地盘。它的叫声变化多端，情绪不稳定时会发出啁啾、咯咯声。它怀孕期长，约73日，平均寿命为12~14岁。

养护要点 ❶ 住公寓或经常有客人的家庭不适合养埃及猫。❷ 它养护容易，只需要不定期刷刷毛、修剪一下指甲，掉毛程度一般。❸ 适当关注它，否则它的好奇心可能会给自己惹来麻烦。麻醉药、杀虫剂、疫苗等可能会把它置于危险境地。

猫咪档案

别名：法老王猫

黏人程度	★★★☆☆
生人友善	★★★★☆
小孩友善	★★★★☆
动物友善	★★★★★
喜叫程度	★½☆☆☆
运动量	★★½☆☆
可训练性	★★★☆☆
御寒能力	★★★★☆
耐热能力	★½☆☆☆
掉毛情况	★★★☆☆
城市适应性	★★★★★

品种标准

CFA　FIFe　TICA

AACE　ACFA/CAA　CCA-AFC

外表野性十足，身上长有豹一样的斑点花纹，大小花纹随意分布，却又十分温顺，在家猫中很少见

体型：中等　|　体重：2.25~7千克　|　毛色：银、古铜、烟灰、黑和蓝或白蜡色

在尼罗河畔的古埃及神庙墙壁上，有一个斑点猫的壁画图像，据说绘于1400年前。在古埃及时代的纸莎草和墓碑上，也出现了这种猫的形象，它的模样跟今天的埃及猫惟妙惟肖。

古埃及人奉埃及猫为神猫，把它视为月亮女神贝斯特的化身，掌管着人类的家庭、幸福和快乐。

据说，到了公元四世纪康士坦丁统治时期，埃及猫被腓尼基人、希腊人和基督教人士带到远东与地中海地区。中世纪时期，它被看作异教恶魔的化身，在欧洲惨遭屠杀，只有一少部分猫在意大利幸免，它们就是现代埃及猫的祖先。

萨凡纳猫 Savannah kitten

性情： *聪明、热情、活泼好动*
养护： *中等难度*

萨凡纳猫的体型看起来像狗一般大，而且全身花斑，目光炯炯，充满野性。20世纪80年代，动物学家帕特里克·凯利将一只公非洲薮猫与一只母家猫进行配种繁育，生出第一代杂交猫被命名为“Savannah cat”，意为“热带草原猫”。2001年，该猫种获得TICA认证。

▲ *幼猫三年方长成，前两年进行骨骼发育，第三年进行肌肉发育*

形态 萨凡纳猫体型大，头部呈三角形，耳朵大、斜向前倾且耳内有饰毛。眼睛呈杏仁状，眼间距宽，眼梢斜向上倾。颈部长且粗。被毛短且粗，外层毛具纹理。躯体肌肉发达，肋骨轻，四肢细长，后腿比前腿稍长。尾巴中等长度，基部粗先端细。足掌扁长。

被毛如皮草般柔软，布有斑点图案，野性十足
我弹跳力较强，可以从原地一跃而至2米以上的高度
眼睛颜色独立于毛色，以颜色深、明亮生动者为佳
鼻子红色，嘴唇黑色

产地：美国 | 血统：非洲薮猫×家猫 | 起源时间：20世纪80年代

习性 萨凡纳猫野性十足，身手也不凡：一跃而起可达2米高。事实上，它兼具野猫的外表和家猫的温驯，可以跟家中的猫、狗和小孩融洽相处，经主人训练后，可学会坐、躺、伸手、取物等小游戏。它跟小孩子一样爱玩水，有的甚至会跳下湖泊、池塘或泳池中游泳。它的叫声柔和。它的平均寿命为17~20岁。

养护要点 ❶ 萨凡纳猫在全球范围内饲养需求大、猫仔供给少，需要提前向繁殖场预定。❷ 它的成长期比普通家猫长，建议在猫粮中适当补充添加维生素。❸ 从小训练它的行为，长大后会更乖巧。❹ 它成年后体型大，不建议单独户外活动，以免闯祸或吓坏孩子。❺ 买来玩具狗等供它玩耍。

猫咪档案

别名：热带草原猫

黏人程度	★★★☆☆
生人友善	★★☆☆☆
小孩友善	★★★½☆
动物友善	★★★½☆
喜叫程度	★☆☆☆☆
运动量	★★★★☆
可训练性	★★★½☆
御寒能力	★★☆☆☆
耐热能力	★★★½☆
掉毛情况	★☆☆☆☆
城市适应性	★★★½☆

品种标准

CFA　TICA

趣闻

我承继着父系的血统，有类似薮猫的漂亮被毛和流线外形，可与任何其他猫种相媲美。

体型：大　|　体重：8~15千克　|　毛色：多种颜色，金黄、奶油或沙色皮毛纯黑、黑褐或棕斑

塞伦盖蒂猫 Serengeti cat

性情： *外向、自信、友好、好动，喜欢喵喵叫*

养护： *中等难度*

1994年，美国加州肯丝麦克猫舍的凯伦·索斯曼用一只孟加拉猫和一只东方短毛猫交配繁育出塞伦盖蒂猫，并向TICA进行注册登记。繁育者的终极目的是要培育出一种看起来像薮猫却又不带野性的猫种。孟加拉猫是豹猫和家猫的杂交品种，被选用繁育塞伦盖蒂猫的往往已繁育多代，基因里已鲜具野性。

形态 塞伦盖蒂猫体型中等，头部圆润，下巴小且尖。耳朵很大，耳尖圆钝，耳背黑色并具“眼斑”。脖颈粗且长，躯体骨架较大，四肢较长。被毛浓密，有黄、金黄、冷灰、银色等底色，上具黑色斑纹。脚掌圆润。尾巴基部粗，向尾尖渐细。

眼睛金黄色至琥珀色，绿色也可接受
毛短、中度柔软，斑纹漂亮
小且尖的白下巴给我增添了几分秀气
腹部、胡须、下巴、喉咙颜色稍浅

产地：美国 | 血统：孟加拉猫×东方猫 | 起源时间：1994年

习性 塞伦盖蒂猫自信、外向又友好，能够跟家里的其他宠物相处融洽。它活力十足，喜欢四处攀爬，追逐玩具，数小时不停，并对周围环境非常好奇、敏感，喜欢在房间里跳到高处和全速奔跑。它刚到陌生环境中会比较害羞，但熟识后就比较热情、活泼和黏人。多数时候它喜欢有人陪伴，躺在人的怀里或在膝盖上接受抚摸，但亦可短时间内自己玩耍，只要不被长久地丢下。它很爱叫，有些吵。它的平均寿命约10岁。

养护要点 ❶ 在家中为塞伦盖蒂猫开辟出一块“领地”，放上玩具并安置运动、攀爬设施等，这样它更喜欢待在室内玩。❷ 不要让它单独和婴儿在一起，可以跟大孩子一起玩。❸ 每周替它梳理1次毛，它并不太掉毛；每个月给它洗澡和修剪指甲。❹ 它身体强健，不太爱生病，常见病是腹泻、泌尿系统疾病和呕吐等，为避免它患上其他传染病，最好尽早带去兽医院打疫苗。

猫咪档案

别名：赛伦盖提猫

黏人程度	★★★☆☆
生人友善	★★★★☆
小孩友善	★★★☆☆
动物友善	★★★☆☆
喜叫程度	★★★☆☆
运动量	★★★★☆
可训练性	★★★½☆
御寒能力	★★★☆☆
耐热能力	★★★☆☆
掉毛情况	★☆☆☆☆
城市适应性	★★★★☆

品种标准

TICA

体型：中等 | 体重：3.6~6.8千克 | 毛色：黄色至金色、冷灰色、银色，被黑色斑纹

玩具虎猫 Toyger cat

性情：*活泼、喜欢活动，具有一定进攻性*
养护：*中等难度*

20世纪80年代，美国洛杉矶的朱迪·萨顿在自家后院里繁育出有老虎条纹的新猫种——毛色与老虎的竟有95%相似，名叫“玩具虎猫”！朱迪通过育猫旨在提醒人们：要关注野生老虎的保护！90年代早期，玩具虎猫在TICA登记，2007年被列入“冠军组”。

▲ *我真的是一只小老虎吗？那么擅长捕捉老鼠和其他小动物！*

形态 玩具虎猫体型中等到大，头部中等尺寸，较圆润。耳朵小且圆，耳间距宽。眼睛中等大小，圆溜溜，眼间距宽。面颊丰满，面部有细斑点，鼻梁上条纹状花纹。身躯骨架大，健壮，肌肉充满动感，比例匀称，四肢中等长度，较壮实，脚掌大。被毛短，长度参差不齐。尾巴粗，向尾梢渐尖。

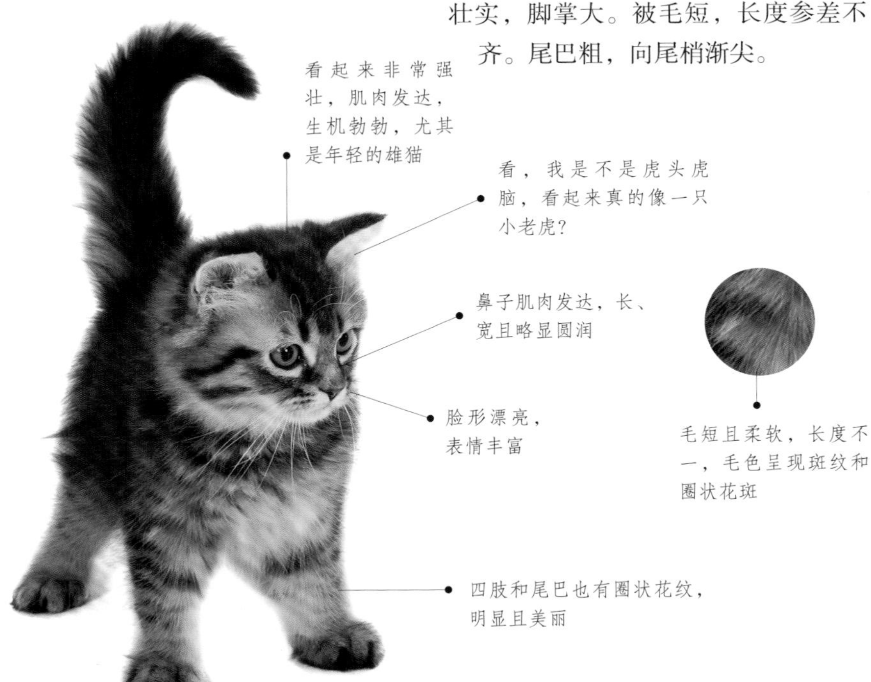
看起来非常强壮，肌肉发达，生机勃勃，尤其是年轻的雄猫
看，我是不是虎头虎脑，看起来真的像一只小老虎？
鼻子肌肉发达，长、宽且略显圆润
脸形漂亮，表情丰富
毛短且柔软，长度不一，毛色呈现斑纹和圈状花斑
四肢和尾巴也有圈状花纹，明显且美丽

产地：美国 | 血统：短毛家猫 × 孟加拉豹猫 | 起源时间：20世纪80年代

习性 玩具虎猫性情随和，容易相处，喜欢跟着人跑来跑去，也能跟小孩和其他宠物相伴甚欢。它见水很兴奋，喜欢跳到河流、湖泊和水潭里游泳。它的可塑性强，容易接受人的训练，喜欢公寓生活。它的叫声轻柔。它的平均寿命可达20岁以上。

养护要点 ❶ 如果玩具虎猫出现干呕、干咳等症状，给它吃适量吐毛球膏或看兽医，防止它舔吃太多落毛导致胃肠不适。❷ 每周给它梳毛1次，清除落毛。❸ 它会患绦虫、钩虫、蛔虫和犬恶丝虫病，定期看兽医，采用适当的药物治疗，如果犬恶丝虫病得不到及时治疗，将致命。❹ 去兽医院给它做绝育手术，定期给它打疫苗，以预防疾病或从其他猫咪处传染疾病。

猫咪档案

别名：虎皮猫

黏人程度	★★★★☆
生人友善	★★★½☆
小孩友善	★★★★☆
动物友善	★★☆☆☆
喜叫程度	★☆☆☆☆
运动量	★★★½☆
可训练性	★★★☆☆
御寒能力	★★★☆☆
耐热能力	★★★★☆
掉毛情况	★☆☆☆☆
城市适应性	★★★★★

品种标准

TICA

我身上并没有流淌着老虎的血液，不过确实有亚洲豹猫的基因

真正的老虎叫“Tiger”，我叫“Toyger”（Toy + Tiger），是真老虎微小浓缩版呢！

趣闻

玩具虎猫诞生于朱迪所在的艾雅丝猫舍（EEYAAS Cattery），它是短毛家猫和孟加拉豹猫的杂交品种，最初生出被毛带条纹的猫咪，又经过数年繁育培养，最终得到“迷你老虎”版。

体型：中等 | 体重：4.5~7.7千克 | 毛色：黄色具黑色虎斑

曼赤肯猫 Munchkin cat

***性情：**温和、喜欢活动*
***养护：**中等难度*

把我当作小小的礼物送人吧
长大后都不甚大，猫仔就更小了

1983年，美国路易斯安那州的音乐教师桑德拉在自己的车底下发现了两只猫，便带回家收留了，取名“黑莓”和“蓝莓”。稍后，这两只已怀孕的猫咪都产下猫仔，腿短又可爱。她把黑莓生下的“陶乐丝”短腿猫送给朋友凯伊。不久后，陶乐丝就在凯伊家附近跟其他猫交配生下一群野生的短腿猫——曼赤肯猫。1995年，曼赤肯被TICA承认为新品种，随后被其他国家与协会承认。

形态 曼赤肯猫体型小至中等，头部正三角形至楔形，耳朵呈大三角形，基部阔。眼睛呈大核桃形，稍吊眼梢。脸颊宽。身躯中等长度，稍显圆胖，骨骼强壮，肌肉结实，四肢匀称，其中后肢比前肢长。被毛浓密、光滑，有单色、双色、斑纹等。尾巴稍粗，先端圆且细。

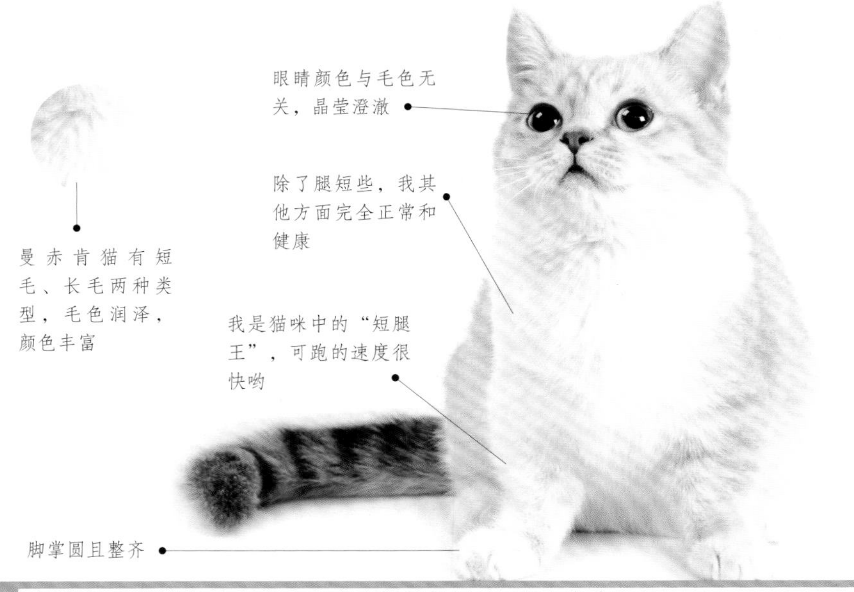
眼睛颜色与毛色无关，晶莹澄澈
除了腿短些，我其他方面完全正常和健康
曼赤肯猫有短毛、长毛两种类型，毛色润泽，颜色丰富
我是猫咪中的“短腿王”，可跑的速度很快哟
脚掌圆且整齐

产地：美国 | 血统：非纯种猫 | 起源时间：20世纪80年代

习性 曼赤肯猫虽然腿短，却丝毫不影响奔跑、跳跃、爬高和扑低，姿态灵活，身形美妙。它还能跟其他猫、狗和宠物相处融洽，甚至会骑在狗背上跑来跑去，或者跟其他猫玩摔跤游戏。它对主人更是亲昵，喜欢蜷伏在主人温暖的大腿上，被主人轻轻地抚摸。它还有收藏癖，喜欢收集亮闪闪的小东西藏起来供慢慢玩耍。它还是好奇心大王，会把家里探查一遍，并喜欢抄近路跳越灶台、矮柜等。它的叫声轻柔。它的平均寿命为9~13岁。

养护要点 ❶ 小曼赤肯猫每天喂3次，成年猫每天喂2次，随时备有干净清水供它饮用，控制好它的体重，不可养得过胖，以免它患疝气。❷ 它喜欢玩玩具，主人可以买来玩具老鼠和羽毛逗猫棒等。❸ 给它提供猫爬架和磨爪器。❹ 短毛型的一般不需要梳毛，长毛型的每周梳理1~2次，指甲每周修剪1次。

猫咪档案

别名：短腿猫

黏人程度	★★★★☆
生人友善	★★★☆☆
小孩友善	★★★★☆
动物友善	★★★★☆
喜叫程度	★★☆☆☆
运动量	★★★½☆
可训练性	★★★☆☆
御寒能力	★★★☆☆
耐热能力	★★★☆☆
掉毛情况	★★☆☆☆
城市适应性	★★★★☆

品种标准

TICA AACE

耳朵竖立在头部两端，耳内有长毛，给人竖耳倾听之感

我好动又喜静，虽然腿儿短了些，但攀爬、跳跃和奔跑毫不受影响；我还喜欢在家里搞收藏、躲猫猫，主人常常觉得好气又好笑

趣闻

曼赤肯猫是自然演变出来的侏儒品种猫。在传说中，有一个猫城（Neargo），里面有一条仅有10米长的小路叫“曼赤肯”（Munchkin）。现实中的该猫种腿特别短，像是从童话故事中走出来的，故得名。

体型：小至中等 | 体重：3.6~4.6千克 | 毛色：多种颜色，常见单色、双色、斑纹等

雪鞋猫 Snowshoe cat

性情： *活泼、好交际、贪玩、温柔*

养护： *中等难度*

20世纪60年代，在美国宾夕法尼亚州的费城，桃乐丝·多尔蒂发现了三只暹罗猫，它们四爪雪白。

桃乐丝喜欢它们的重点色和雪白的蹄爪，将它们和一只美国短毛猫配种，结果生出一种外表相异却继承父母性格特点的猫种，即雪鞋猫。

顾名思义，我四蹄如雪，像穿了白色的鞋子

形态 雪鞋猫体型中等，公猫显著比母猫大。头呈稍圆的三角形，耳朵中等至大，耳基宽，耳尖微圆。眼睛大，板栗形，眼梢稍吊。身形稍似暹罗猫，肌肉发达，四肢匀称，长度适中。足掌圆形，大小适中，爪尖白色。被毛浓密、短厚，光泽度佳。尾巴基部适度粗，向尾尖渐细。

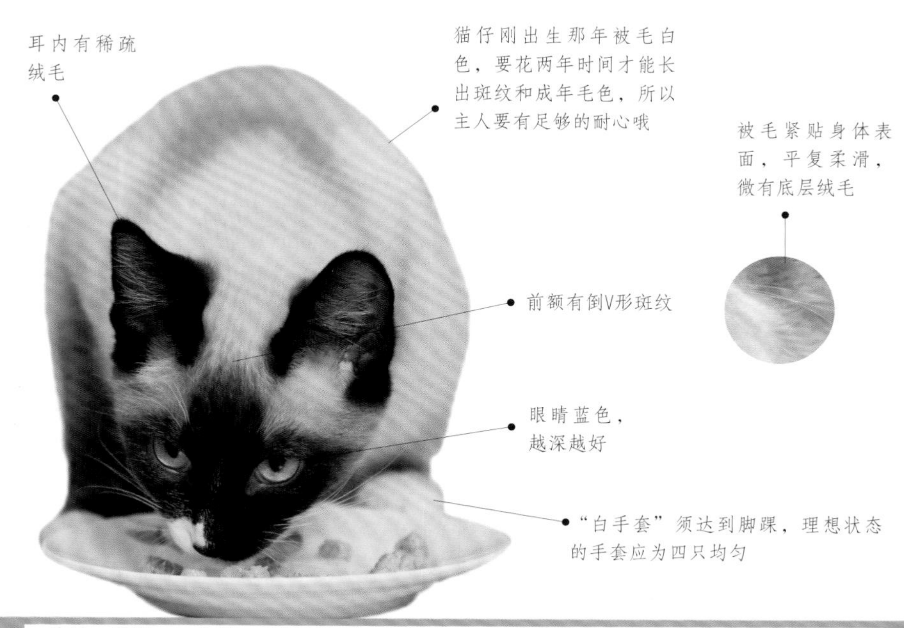
耳内有稀疏绒毛
猫仔刚出生那年被毛白色，要花两年时间才能长出斑纹和成年毛色，所以主人要有足够的耐心哦
被毛紧贴身体表面，平复柔滑，微有底层绒毛
前额有倒V形斑纹
眼睛蓝色，越深越好
“白手套”须达到脚踝，理想状态的手套应为四只均匀

产地：美国 | 血统：美国短毛猫×暹罗猫 | 起源时间：20世纪60年代

习性 雪鞋猫继承了暹罗猫和美国短毛猫的优点，有前者的高智商，有后者的可爱，给人的印象是非常友好、安静，既是人类的好伴侣，又是动物的好伙伴。它能容忍孩子的淘气吵闹，并跟许多猫一样喜欢爬高，爱在高处观察人。它还喜欢玩水，爱在水龙头下淋爪子。它的叫声甜美温柔，一点儿也不似暹罗猫，常用来唤起你的注意。它的平均寿命为10~15岁。

养护要点 ❶ 雪鞋猫既喜欢待在室内也喜欢出去玩耍，最好带它去清洁、安全的花园中玩。❷ 家里的橱子、柜子一定要关好并上锁，否则它会想方设法地打开去搞破坏。❸ 每周给它梳理1次毛，春天它掉毛多，需要打理得勤一些。❹ 经常给它刷牙和清洁耳朵。❺ 它强健，不易生病，但每年仍需带它去兽医处体检、看蛀牙和打疫苗。

猫咪档案

别名：银边猫

黏人程度	★★★★½
生人友善	★★★☆☆
小孩友善	★★★★½
动物友善	★★★★☆
喜叫程度	★★★☆☆
运动量	★★★½☆
可训练性	★★★☆☆
御寒能力	★★★½☆
耐热能力	★★★☆☆
掉毛情况	★½☆☆☆
城市适应性	★★★★★

品种标准

FIFe TICA AACE

ACFA/CAA GCCF

体型：中等 | 体重：2.4~5.4千克 | 毛色：多种颜色，常见暗褐、蓝、巧克力和淡紫色

雪鞋猫种诞生后也经历了一些波折，在1960—1977年，繁育者对它失去了热情，繁育者逐年减少，到最后竟只剩一人，险些中断。到了20世纪80年代，人们对它又慢慢恢复了热情。到1989年，记录在案的繁育者接近30人。1994年，TICA将雪鞋猫纳入冠军组。

柯尼斯卷毛猫 Cornish Rex cat

性情： *外向、爱撒娇、极端亲近人*
养护： *容易*

1950年，在英国康瓦尔郡博德名摩尔的一家农场上，一窝小猫出生了，其中一只红色虎斑公猫长相奇异，全身卷毛。主人夫人艾尼斯摩尔夫人带它去看兽医，兽医认出这是基因突变，建议主人养大它用来育种。后来，公猫繁育出几只卷毛小猫。1967年，柯尼斯卷毛猫首次被认可。

▲ *极可爱的小脑袋，极大的立耳朵，极柔软的卷毛，极长的细尾巴*

形态 柯尼斯卷毛猫体型中等，头部小且圆润，顶部平，耳朵特别大，耸立于头顶，耳尖浑圆，耳间距宽。眼睛呈卵圆形，吊眼梢。身材高挑灵敏，拱背，肌肉发达，四肢细长。被毛短，仅一层绒毛，柔软卷曲，像层层细密的波浪。尾巴长且细，柔软，富有弹性，尾端尖。

眼睛炯炯有神，颜色有金黄、古铜和蓝色等
身形窈窕纤细，有“猫中超模”之称
“鸡蛋头”（小且圆）、大耳朵是柯尼斯卷毛猫的典型特征
尾巴宛如鞭子一样
被毛短，手感似天鹅绒，不易掉毛，毛色以纯色、加白和虎斑色最常见

产地：英国 | 血统：非纯种短毛猫 | 起源时间：20世纪50年代

习性 柯尼斯卷毛猫环境适应性强，换新家、乘车旅行都没问题。它性格外向，大大咧咧，是社会活动家，不怕生，能应付多种场面，与宠物们和平共处，尤其极度亲近主人，撒娇，索求抚摸、拥抱、亲吻。它的爪子似手，能跟人玩抛接游戏，还会转动门把手来开门。它还擅长自娱自乐，玩绳头都会玩上大半天，或者在家里四处跑。它不太爱叫。它的平均寿命为10~15岁。

养护要点 ❶ 柯尼斯卷毛猫的毛容易梳理，不爱掉毛，不易引发主人的过敏反应，抚摸它时用手替它梳梳毛即可。❷ 定期给它洗澡，每次洗约10分钟，去除过多的油脂，轻柔地梳干即可。❸ 不要把它软禁起来，否则它会失去对生活的兴趣，身体消瘦，皮毛暗淡。❹ 它食欲旺盛，不挑食，因此需适量供应，防止它超重。❺ 它不耐寒，冬天喜欢坐在暖气片上，夏天喜欢晒太阳，若天气寒冷潮湿，要注意给它保暖、除湿。

猫咪档案

别名：康瓦尔王猫

黏人程度	★★★★★
生人友善	★★★½☆
小孩友善	★★★★☆
动物友善	★★★☆☆
喜叫程度	★☆☆☆☆
运动量	★★★★☆
可训练性	★★★★☆
御寒能力	★★☆☆☆
耐热能力	★★★★☆
掉毛情况	½☆☆☆☆
城市适应性	★★★★★

品种标准

CFA FIFe TICA

AACE ACF ACFA/CAA

CCA-AFC GCCF

体型：中等 | 体重：3.5~7千克 | 毛色：多种颜色，常见白、乳黄、蓝白、玳瑁、暗红灰等色

德文卷毛猫 Devon Rex cat

性情： *机灵、活泼、黏人*

养护： *容易*

1960年，英国德文郡的一位妇女在自己家附近发现了一只被毛卷曲的大公猫，初始时，人们认为它是柯尼斯卷毛猫或者至少两者有血缘关系。后来，人们发现它们毫无血缘关系。在德文郡发现的猫咪被命名为德文卷毛猫，它是由于一种基因突变而来的，于1967年首次被公认并参加猫展。

形态 德文卷毛猫体型小至中等，头部呈楔形，颧骨部位较宽。耳朵特大且宽，竖立头部两侧。眼睛椭圆形，非常大。颈部修长，四肢亦细长，显得身手矫健，十分灵活。全身被毛细密且短，毛色和斑纹多样，如银白色玳瑁虎斑、白色和暗灰黑色、红色银白虎斑、棕色虎斑、乳黄色虎斑等，不一而足。足掌小且呈椭圆形，脚趾粉红色。尾巴锥形，较长，密被毛。

耳朵大且尖，很招风

我高兴起来会像狗一样摇尾巴，这种习惯再加上我全身卷毛，有时会被人们称作“卷毛狗”

被毛短且细密，相比柯尼斯卷毛猫的被毛要薄且粗糙

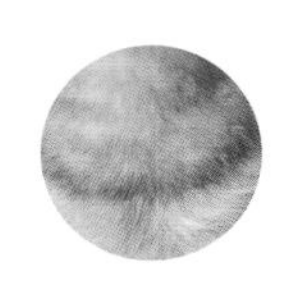

看，我坐着是不是猫模猫样的

产地：英国 | 血统：非纯种短毛猫 | 起源时间：20世纪60年代

习性 德文卷毛猫又名“泰迪猫”，它像狗一样黏主人，自懂得四脚站立开始，便喜欢亲近人类，可谓各个猫品种中最喜爱人类的，它晚上爱偎依着你，早晨会叫醒你，拥抱、亲吻你和咕噜咕噜地向你表达感情。它喜欢爬上你的肩膀，坐到你膝盖上，向你摇尾巴或听指令衔回玩具。它关注你的一举一动，不管你在削土豆准备晚餐或是约会前沐浴打扮，它都想参与。它不太爱叫。它的平均寿命为11~16岁。

养护要点 ❶ 德文卷毛猫不爱掉毛，不必担心弄脏居室。❷ 它胃口好，喜欢吃多样化食物，爱向你表达自己饿了，注意适量供应，防止它变胖，当提供干粮时，请随时保证清水供应。❸ 它的指甲长得快，定期修剪并给它提供磨爪器。❹ 给它提供旧线轴、乒乓球、吸管、牛奶瓶盖等作玩具。

猫咪档案

别名：德文帝王猫

黏人程度	★★★★★
生人友善	★★★☆☆
小孩友善	★★★★☆
动物友善	★★★★☆
喜叫程度	★★★★☆
运动量	★★★★☆
可训练性	★★★★☆
御寒能力	★★½☆☆
耐热能力	★★½☆☆
掉毛情况	½☆☆☆☆
城市适应性	★★★★☆

品种标准

CFA FIFe TICA

AACE ACF ACFA/CAA

CCA-AFC GCCF

大眼睛，凸颧骨，瘦腮，小嘴、尖下巴，模样似小妖精般精灵

趣闻

德文卷毛猫有着大大的眼睛，大大的耳朵，给人一种小妖精的感觉。

据说，美国大导演斯皮尔伯格（Steven Allan Spielberg）在筹备拍摄后来风靡世界电影《E.T.》（《外星人》）时，就以德文卷毛猫为原型设计了E.T.的形象。

体型：中等 | 体重：2.7~4.1千克 | 毛色：多种颜色和斑纹，如白、乳黄、银白色等

塞尔凯克卷毛猫 Selkirk Rex cat

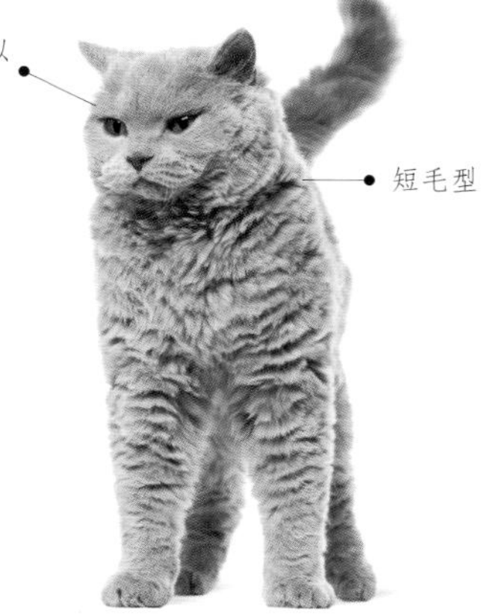

性情：友善
养护：中等难度

1987年，美国保兹曼慈善协会（Boztman Humane Society）的佩吉·沃里斯在怀俄明州发现一只非纯种猫产下的一窝小猫里有一只的被毛十分特殊：包括胡须在内都是卷曲的！后来，这只小猫长大后，同一只黑色长毛纯种公猫交配，生下的6只小猫中有3只都是卷毛！黑公猫的主人叫杰里·纽曼，她把新猫种命名为“塞尔凯克”以纪念自己的继父。2000年，该猫种被CFA确认。

形态 塞尔凯特卷毛猫体型中等偏大，头部圆形，较为硕大。耳朵中等大小，耳间距较为宽阔。眼睛浑圆，亮晶晶的，颜色随着毛色不同而变化。身躯厚实平直，骨架大，四肢壮健。全身被毛卷曲，是最鲜明的特征，毛色多变。尾巴蓬松。

眼睛从深金色至紫铜色不一，要和被毛颜色相配

鼻梁笔直，嘴方圆形，下巴内收，猫须卷曲，脆弱易折断

被毛浓密、弯曲，连耳内饰毛都不例外，参展评判时注重毛质，毛色不受限制

颈项周围、腹部被毛卷曲，背部被毛较平直

产地：美国 | 血统：非纯种短毛猫 | 起源时间：1987年

习性 塞尔凯克卷毛猫性情风趣、心理成熟，对人类伙伴充满深情，成年后依然很淘气，喜欢跟人玩耍，不喜欢孤独。主人若用钓竿玩具或手电筒光束逗它，它会很兴奋。它耐性好，容忍度高，跟其他宠物友好相处，受了“欺负”可能很大度，所以被描述为“甜美可爱但有点愚蠢”。如果你忽视了它，它会立即用温柔细腻的叫声唤起你的注意。它的平均寿命为12~13岁。

养护要点 ❶ 塞尔凯克猫最好在室内饲养，让它的猫窝保持清洁干爽。❷ 它的被毛浓密，每周需要梳理两三次，以避免打结；它会掉毛，梳理也能去除落毛，以免被它吞进胃里结成毛球或沾到家具、地板、衣服上；抚摸它时可以用手指帮它梳毛。❸ 它通常不需要洗澡，脏的时候可用洗发水替它洗洗，然后把它放在温暖的地方让毛自然干；不要吹干，那会让它变得像只泰迪犬。❹ 每周至少刷牙1次，最好天天刷；每天给它擦去眼睛分泌物；每周检查并清洁耳朵。

猫咪档案

别名：斯可可猫

黏人程度	★★★☆☆
生人友善	★½☆☆☆
小孩友善	★★★☆☆
动物友善	★★☆☆☆
喜叫程度	★★☆☆☆
运动量	★★½☆☆
可训练性	★★★★☆
御寒能力	★★★☆☆
耐热能力	★★★☆☆
掉毛情况	★★☆☆☆
城市适应性	★★★★☆

品种标准

GCCF

体型：中等 | 体重：3.5~7千克 | 毛色：多种颜色，变化多端

美国硬毛猫 American wirehair cat

性情： *温顺、活泼、聪明、好奇、胆大*
养护： *容易*

美国硬毛猫又称美国刚毛猫，源于美国短毛猫的自发突变。

1966年，在纽约州的弗农地区，一窝五只小猫降生了，其中一只红白相间的雄猫被毛顶端卷曲。主人请当地的一位帝王猫繁育者琼·奥谢夫人帮忙鉴别一下。夫人花50美金买下这只猫，取名亚当，用其进行繁育。

1967年，CFA认证了美国硬毛猫，1978年，它又被列入冠军组。

▲ *眼睛闪闪发出金光，鼻子长短适中*

形态 美国硬毛猫体型中等，头部呈椭圆形，耳朵大小适中，基部间距小，耳尖呈圆弧形。眼睛大且圆，眼梢微吊。下巴方形，结实有力。身躯健美苗条，肌肉发达，四肢中等长度。全身被毛短且密，毛短卷曲如烫过。足掌大且圆。尾巴长度适中。

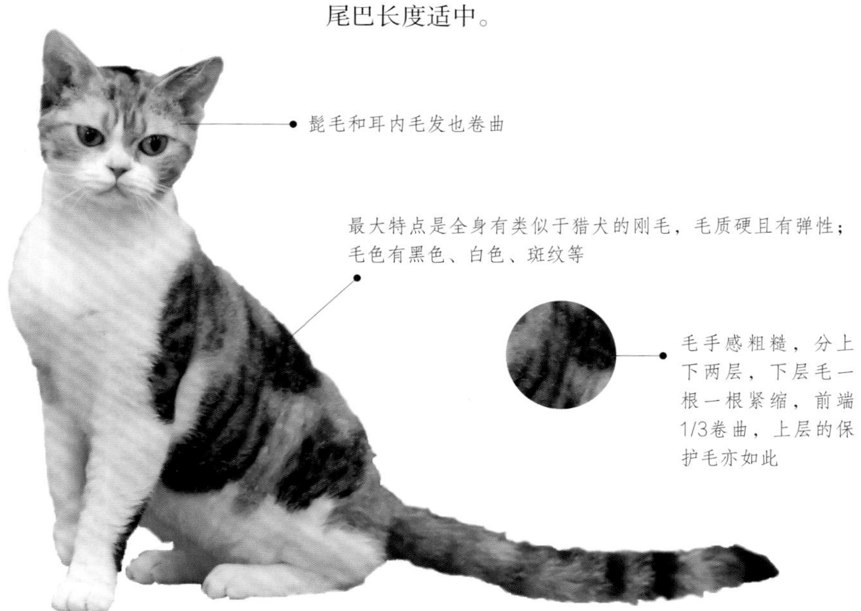

髭毛和耳内毛发也卷曲
最大特点是全身有类似于猎犬的刚毛，毛质硬且有弹性；毛色有黑色、白色、斑纹等
毛手感粗糙，分上下两层，下层毛一根一根紧缩，前端1/3卷曲，上层的保护毛亦如此

产地：美国 | 血统：美国短毛猫基因突变 | 起源时间：20世纪60年代

习性 美国硬毛猫十分黏人。它对周围的环境充满好奇，喜欢待在家里，参与主人的各种活动，跟着主人到处跑或在膝头玩耍、睡觉。如果某位家庭成员心情欠佳，它会看在眼里，上前安慰你、陪伴你，让你重新开心起来。它还极具幽默感，喜欢扮演丑角，成为焦点。它多数时间温柔安静，叫得少，声音也不吵。它的平均寿命约15岁。

养护要点 ❶ 美国硬毛猫的毛看似粗糙、难打理，事实上除了春天换毛，几乎不需要刷和梳理，否则易受损。❷ 它总体健康，但可能遗传心肌病，需要关注并避免它变得肥胖。

猫咪档案

别名：美国刚毛猫

黏人程度	★★★★★
生人友善	★★★★☆
小孩友善	★★★★☆
动物友善	★★★★★
喜叫程度	★⯪☆☆☆
运动量	★⯪☆☆☆
可训练性	★★★☆☆
御寒能力	★★★★☆
耐热能力	★☆☆☆☆
掉毛情况	★★★☆☆
城市适应性	★★★★★

品种标准

CFA TICA

ACFA/CAA CCA-AFC FIFe

趣闻

体形、毛色和美国短毛猫相似，犹如亲兄弟；不过，刚出生时被毛紧密卷缩，直至四五个月后才舒展，每根护毛呈钩形或末端卷曲。

体型：中等 | 体重：3.5~7千克 | 毛色：黑色、白色、斑纹等

俄罗斯蓝猫 Russian Blue cat

我喜欢宁静
的家庭，最
适合跟爱安
静的老人一
起生活

性情： *安静、独立、好奇、专一*

养护： *容易*

俄罗斯蓝猫历史较为悠久，据说祖先起源于寒冷的西伯利亚地带，因而被人们称作“冬天的精灵”。它身被闪烁银蓝色光泽的短毛，步态轻盈，贵族范儿十足。因第二次世界大战后数量急剧减少，为了恢复种群数量，繁育者将其与暹罗猫杂交，故而后代又具备东方气质，在短毛种中独树一帜，颇受人们珍宠。

形态 俄罗斯短毛猫体型中等，头部呈短楔形，上宽下尖，耳朵宽大、直立。眼睛呈杏仁形，绿色。身形修长优雅，颈部细长，骨骼结实，四肢长且矫健。脚掌小且圆，走路时像是用脚尖在走。被毛双层，浓密且柔软，闪烁着银蓝色光泽。尾巴长且尖。

产地：俄罗斯 | 血统：非纯种短毛猫 | 起源时间：19世纪

习性 俄罗斯蓝猫是典型的“家里蹲”，它文静、安详、害羞，不喜欢出门见到陌生人，在家里能够与其他宠物打成一片，对主人感情深厚、充满信任。它喜欢家里比较安静，讨厌喧闹，爱不受限制地自由探查。它的毛虽短，耐寒性却强，适应北半球的寒冷生活，哪怕在野外过冬也不怕。它的声音轻柔甜美，自我意识很强。它的平均寿命约20岁。

养护要点 ❶ 喜欢安静的家庭适宜饲养俄罗斯蓝猫，特别是爱清静的老人可以养。❷ 它对新环境和陌生人感到胆怯和害羞，不要吓唬它。❸ 它喜欢有自己的“房间”，给它布置一个没有橡皮筋、绳子、易碎品、危险品的房间。❹ 它喜欢吃，猫仔每天喂2次，7月龄后每天喂3次，随时备有清水；不要让它敞开量吃，会变肥胖。❺ 定期带它去兽医院做体检。

猫咪档案

别名：阿契安吉蓝猫

黏人程度	★★★☆☆
生人友善	★⯪☆☆☆
小孩友善	★★★⯪☆
动物友善	★★★☆☆
喜叫程度	★☆☆☆☆
运动量	★★★☆☆
可训练性	★★☆☆☆
御寒能力	★★★★★
耐热能力	★☆☆☆☆
掉毛情况	★☆☆☆☆
城市适应性	★★★★☆

品种标准

CFA　FIFe　TICA

AACE　ACF　ACFA/CAA

CCA-AFC　GCCF

体型：中等 | 体重：3~5.5千克 | 毛色：均匀的蓝色，并闪烁独特的银色光泽

传说很久以前，俄国的森林里住着一位女巫，她施展魔法，把每一个见到她真面目的人都变成了动物。后来，女巫被一个猎人追赶，她在慌乱中施展魔法竟然把自己变成了一只蓝猫！

从那以后，蓝猫走进了俄国人的生活，它有着“闪闪动人”的外貌，十分迷人。

到了俄国的末代王朝，有位小公主在过十六岁生日时收到一件神秘的礼物——一只俄罗斯蓝猫，它的脖子上挂了一只银牌，上面写着“为了拯救你！”

十月革命爆发后，沙皇家族遭遇灭顶之灾，那位小公主却逃出与蓝猫一起不知所踪。

夏特尔蓝猫 Chartreux cat

性情： *温顺、热情、机灵、独立性强，具绅士风度*
养护： *容易*

夏特尔蓝猫是一个古老的法国猫种，相传格勒诺布尔（Grenoble）的大夏特勒斯修道院有一名修士叫卡修西安，他用十字军骑士带回来的猫培养出该猫种，起初用于抓老鼠。事实上，夏特尔蓝猫的起源时间是个谜，人们只知道修道院建于14世纪甚至更早些时候，顺势推定它诞生于14世纪。

形态 夏特尔蓝猫体型中等偏大，头宽且圆，呈不规则四边形，双颊较鼓。耳朵中等或小，耳尖圆，竖立。眼睛大且圆，灵活神气。颈部短且粗壮，身躯整体显得结实、微胖，肩、胸宽厚，背直，骨骼强壮，肌肉发达，四肢粗壮有力。脚掌小且圆，爪宽。尾巴长度适中，基部粗，尾尖呈圆形。

鼻头为石板灰色，足垫为玫瑰灰色，皮肤为蓝色

髭毛垫大，脸颊和下巴的分界较明显，从而形成了我独有的微笑

圆溜溜的眼睛，鼓鼓的双颊，表情丰富，成年雄猫还有大的双下巴，身姿优美，喜欢玩耍，颇为聪明可爱

体型稍胖，毛色为蓝灰色，这是我的最大特色

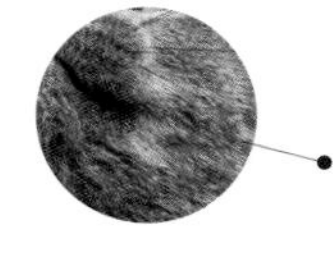

被毛在短毛猫中属于稍长者，十分浓密，又厚又软，防水性强，毛尖银色，熠熠闪光

产地：法国 | 血统：非纯种短毛猫 | 起源时间：14世纪

习性 夏特尔蓝猫性情温柔、忠诚、有教养、乖巧、安静，它对陌生人戒备心重，但不会发出攻击，当你善待它，它很快就会与你亲近起来。它智商高、幽默感强，受训后能听懂自己的名字，会玩取物和你丢我捡的游戏，还喜欢玩球。当你拿钓竿玩具逗它，它会表现得像个杂技演员。它喜欢跳上你的膝盖，跟你一起看电视，当你起身后，它就跟在后面走。它不爱叫，有时发出啁啾声以引起你注意。它的平均寿命为19~20岁。

养护要点 ❶ 夏特尔蓝猫总体健康，但相对容易患泌尿系统疾病和结石症，需要留心并及时送它去看兽医。❷ 给它轻梳毛，不要用刷子刷，换毛期间要每天梳1次；每周修剪1次指甲；经常给它刷牙。❸ 供给它均衡适量的食物，防止它发胖。❹ 训练它时用点小奖赏。

猫咪档案

别名：卡特尔猫

黏人程度	★★★☆☆
生人友善	★★★★☆
小孩友善	★★★★☆
动物友善	★★★★★
喜叫程度	★½☆☆☆
运动量	★★½☆☆
可训练性	★★★½☆
御寒能力	★★★★☆
耐热能力	★★★☆☆
掉毛情况	★★★☆☆
城市适应性	★★★★★

品种标准

CFA FIFe TICA

AACE ACF ACFA/CAA

CCA-AFC

体型：中等 | 体重：4~7千克 | 毛色：蓝灰色

马恩岛猫 Manx cat

性情： *聪明、机智、忠诚*
养护： *中等难度*

马恩岛是英格兰与爱尔兰之间的一座海上岛屿。相传1588年，西班牙的一艘大帆船遭遇海难，船上带的猫泅水游到马恩岛得以幸存，马恩岛猫就是其后代。事实上，真正的马恩岛猫很可能是岛上土著猫的后代，至于其缘何无尾，有一种说法是20世纪30年代，岛上的猫群间发生了一场瘟疫，死亡大半，幸存的猫后来所生的小猫都没有尾巴。岛上居民觉得无尾猫既特别又吉祥，就手工制作出银、木、布、陶瓷等大小各异、颜色不同的无尾猫模型，作为旅游纪念品吸引游客。事实上，它是因基因畸形而产生的猫种，有短毛型和长毛型，后者又被称为威尔士猫。

▲ *我眼睛亮泽，理想的眼珠颜色应与被毛颜色相似，当然也有例外*

形态 马恩岛猫体型中等，头部浑圆，双颊丰满。耳朵中等大小，基部宽，耳端尖圆形。眼睛大且圆，鼻子短且直，有明显的双下巴。四肢粗壮，肌肉结实。全身被毛双层，短且浓密，也有长毛型品种，毛色多样。足掌圆且大。

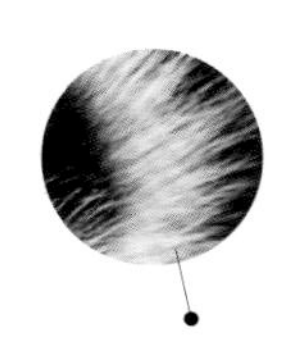

双层被毛，外层毛长且光滑，夏天被毛会变稀薄

听我说，真正纯种的马恩岛猫完全没有尾巴，在尾巴的位置只有一个凹痕

无尾，臀部像橙般圆而大，尾巴位置有少许凹处为上佳

产地：英国 | 血统：非纯种短毛猫 | 起源时间：17世纪

习性 马恩岛猫性情机警，可取代看家狗，关注异常响动并报告主人。它能跟其他宠物尤其是狗相处融洽，对人感情尤深。它喜欢躺在你的膝盖上或蜷在最近处睁着眼看你，也喜欢欢迎陌生人。它喜欢玩水，爱跳跃，能用爪子打开门、橱柜、水龙头，在喷泉处“抓鱼”，受训后还会玩取物游戏、玩积木等，并喜欢乘汽车长途旅行。它的叫声甜美轻柔。它的平均寿命达20岁。

养护要点 ❶ 及早训练马恩岛猫，帮它养成良好行为。❷ 它的活动区内不要放架子或橱柜，以防被破坏。❸ 它有洁癖，猫砂盆要及时彻底清理。❹ 每周梳理1次毛，每周或每天刷1次牙。❺ 它相对容易患肠胃疾病，宜及时送去看兽医。

猫咪档案

别名：曼克斯猫

黏人程度	★★☆☆☆
生人友善	★★★★☆
小孩友善	★★★★☆
动物友善	★★★★☆
喜叫程度	★★☆☆☆
运动量	★½☆☆☆
可训练性	★★★☆☆
御寒能力	★★★★☆
耐热能力	★½☆☆☆
掉毛情况	★★★☆☆
城市适应性	★★★★★

品种标准

CFA FIFe TICA

WCF FFE AACE ACF SACC

ACFA/CAA CCA-AFC CFF

CCC of A GCCF LOOF NZCF

体形和英国短毛猫相似，
后腿比前腿长，臀部高于肩膀位置，
走起路来姿势像兔子

趣闻

关于马恩岛猫缘何无尾，有一种说法是相传它登上诺亚方舟时迟到了，诺亚关门时夹住了它的尾巴，因而变成了无尾猫。

体型：中等 | 体重：3.5~5.5千克 | 毛色：多种颜色，如纯色、烟色、斑纹、双色、三色等

湄公河短尾猫 Mekong Bobtail cat

***性情：** 友好、活泼、聪明，可训练性强*
***养护：** 中等难度*

▲ *除了短尾，我还有很多迷人特色*

湄公河短尾猫最初源于暹罗皇室，后来在湄公河流经的领域，包括泰国和柬埔寨，都能看到它的身影。事实上，查尔斯·达尔文在1883年便描述过这种短尾猫。19世纪末，泰国拉玛五世朱拉隆功大帝送给俄国沙皇尼古拉二世约200只“御猫”，其中很多无尾，它们是当代湄公河短尾猫的祖先之一。20世纪80年代，俄罗斯又从伊朗引进短尾猫进行育种。2004年获得WCF的认证。

形态 湄公河短尾猫体型中等，头部上宽下窄，呈倒三角形形。两耳中等大小，呈正三角形，基部分开。眼睛大，下巴尖，似精灵。身形窈窕，带有东方风韵。全身被光滑如丝的短毛，其中海豹色的重点色最为常见，颇似喜马拉雅猫。短尾是最显著的特点，也因此而得名。

相传我的祖先住在暹罗古都大城（Ayutthaya），看守财宝并陪公主散步
被毛短且光滑，闪闪发光，摸起来丝般质感
蓝宝石般的眼睛，衬着丝滑的皮毛，真是再美丽不过了

产地： 俄罗斯 | **血统：** 非纯种短毛猫 | **起源时间：** 20世纪80年代

习性 湄公河短尾猫外表安静文雅，内心强大，它能迅速适应新环境，很快与人打成一片，尤其爱黏住主人，更成为孩子们的玩具——相处甚欢，游戏多多。它还喜欢同狗相处，实现猫狗一家亲。它玩起来精力无穷，歇下来时又很安静，受训后可养成良好的生活习惯。它不太爱叫，所以主人不会被打扰，更不会有半夜猫叫的事发生。它的平均寿命为10岁以上。

养护要点 ❶ 湄公河短尾猫掉毛程度一般，营养均衡，经常梳理利于毛发健康，并促进血液循环，按摩皮肤去除落毛。❷ 它身体强健，很少生病，有时会染跳蚤或患绦虫、泌尿系统疾病，应送去看兽医。❸ 每天花些时间跟它玩几次，运动有助于它保持身材苗条和肌肉结实。

猫咪档案

别名：不详

黏人程度	★★★★★
生人友善	★★★★☆
小孩友善	★★★★★
动物友善	★★★★☆
喜叫程度	★½☆☆☆
运动量	★★★☆☆
可训练性	★★★★☆
御寒能力	★★☆☆☆
耐热能力	★★★★☆
掉毛情况	★☆☆☆☆
城市适应性	★★★★☆

品种标准

WCF

可训练性极强——看，我在模仿人类弹钢琴，还是像模像样的吧？

尾巴短、扭曲、形态各异——每只湄公河短尾猫的尾巴都是不一样的，就像每个人的指纹都是不一样的

体型：中等 | 体重：3.6~4.6千克 | 毛色：有海豹、蓝、红、巧克力、奶油等多种重点色

千岛短尾猫 Kurilian Bobtail cat

性情： *聪明、温和，擅长戏水*
养护： *容易*

千岛短尾猫原产于千岛群岛——自俄罗斯的最东端至日本的北海道岛，因为千岛群岛长期被俄罗斯所有，所以有人认为它是原产于俄罗斯的猫种。研究认为它是自然出现的变种，在群岛上已有200多年的历史。自20世纪中期以来，它在俄罗斯和欧洲其他部分地区广泛饲养，因其善于捕鼠。1994年，该猫种获得WCF认证。

形态 千岛短尾猫体型中等，头部圆润，耳朵中等大小，先端尖。眼睛呈胡桃形。身躯紧凑，肌肉结实，四肢灵巧。被毛短或中等程度，双层，颜色多变，呈虎斑状的彩虹色调，颜色自白至灰有多种，有些被毛还闪闪泛银光。脚掌圆，尾巴短。

我身体强健，外表野性，可性情温和，跟人类和许多其他动物能友好相处
眼睛呈胡桃形，颜色随被毛颜色不同而有变化，常见黄色、绿色和黄绿色
我在自然环境中诞生并生长繁殖得很好，适应野外生存，喜欢集体捕猎——登上千岛群岛的人经常会喜欢上我这种友好且外向的猫咪

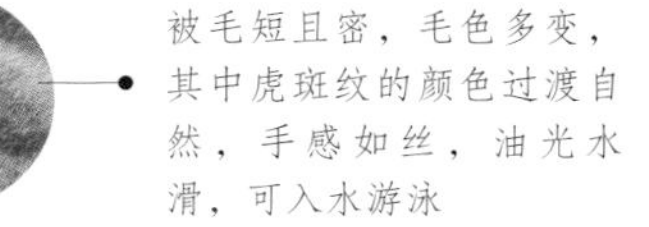

被毛短且密，毛色多变，其中虎斑纹的颜色过渡自然，手感如丝，油光水滑，可入水游泳

产地：日本/俄罗斯 | 血统：非纯种短毛猫 | 起源时间：不详

习性 千岛短尾猫看似野性，实则温柔又聪明，对人、宠物极其友好，也完全适应了城市公寓生活。它热衷于在浴缸里玩耍，最好还有“瀑布”落下，表演游泳、扑腾、抓鱼，或者凑上去跟主人一起沐浴。它在野外喜欢抓老鼠，住公寓则喜欢扑苍蝇。它会像狗一样跑到门口迎接主人或接待客人、陌生人来访，或出门跟主人一起作长途旅行。除了自娱自乐，它会跟主人玩耍或安静地躺在主人脚边作陪。它不爱叫，偶尔发出鸟叫般的颤音。跟大多数猫种不同，公猫和母猫会同样陪伴、爱护小猫。它的平均寿命为12~16岁。

养护要点 ❶ 千岛短尾猫的被毛不需要经常梳理。❷ 给它准备猫爬架，它喜欢攀爬，居高临下地俯视家中一切。❸ 每天陪它玩一会儿，经常带它去户外放风，最好在干净安全的花园、操场上玩耍。

猫咪档案

别名：千岛截尾猫

黏人程度	★★★☆☆
生人友善	★★☆☆☆
小孩友善	★★★☆☆
动物友善	★½☆☆☆
喜叫程度	★☆☆☆☆
运动量	★★★½☆
可训练性	★★★☆☆
御寒能力	★★★★☆
耐热能力	★★☆☆☆
掉毛情况	★½☆☆☆
城市适应性	★★★☆☆

品种标准

FIFe TICA WCF

我很聪明，注意力集中，很快能听懂命令，但只有自己乐于接受时才会遵守，并按主人说的做

人们首先注意到的可能是我的短尾，它只有5~13厘米长

我现在已经非常适应城市和家庭生活，喜欢与家庭成员建立较强的情感联系，喜欢有人陪伴，一起玩耍

体型：中等 | 体重：3.6~6.8千克 | 毛色：多种颜色，白色至灰色等均见

日本短尾猫 Japanese Bobtail cat

性情： *温和、驯良、开朗、重感情*
养护： *容易*

在日本民间，有一个招财猫的形象，它被视为招财招福的吉祥物，历史可追溯到四百多年前的江户时代，其原型就是日本短尾猫。顾名思义，这种猫尾巴很短，仅长约10厘米。它的起源时间不详，据说是1000多年前从中国或朝鲜传入日本的，更科学的说法是它是因基因突变而产生的品种。

我是幸运的象征，在日本进入很多家庭
我又叫日本截尾猫

形态 日本短尾猫体型较小，头部呈倒三角形，上宽下窄，颧骨较高。耳朵中等大小，直立。眼睛大且圆，吊眼梢。身躯修长，体格强健，肌肉发达，四肢较长，其中后肢又比前肢长。全身被毛鲜亮，中长，光滑如丝。足掌椭圆形。尾巴短于10厘米，大部分长5~7厘米。

眼睛多为湛蓝色，衬着被毛十分美丽，少数短尾猫会一只眼蓝色，一只眼金色，被称为“怪眼”
白色为基本色，以白、黑、褐色三色花猫最受欢迎且比较名贵，也有深色类如虎斑色及其他颜色
被毛中等长度，十分光滑，柔软如丝，摸上去手感极好
我的尾巴像兔尾一样短，煞是可爱，因短尾属于隐性遗传因子，所以除非双亲都是短尾，否则不会在小猫中表现出来

产地：日本 | 血统：非纯种短毛猫 | 起源时间：不详

习性 日本短尾猫聪明活泼，经常会用爪子拍水玩，四处玩玩具或玩丢捡游戏。它与宠物和孩子相处融洽，对狗友好。它好奇心重，爱蹲在人的肩膀上俯视四周并喜欢出行。它喜欢叫，常发出啁啾和喵喵声，歌声般悦耳。母猫每窝产仔三四只，生下来个头很大，个别猫两只眼睛颜色不一样，并不影响视力。它的平均寿命为15~18岁。

养护要点 ❶ 日本短尾猫的被毛防水，给它洗澡较费劲。❷ 每两周梳理1次毛，春秋季换毛期间多梳几次，定期给它修剪指甲。❸ 提供猫爬架和玩具，它喜欢跳高和攀爬，也喜欢玩毽子。❹ 除了定量的猫粮，尽量少提供加餐或人类食物给它，以免长胖。

猫咪档案

别名：日本截尾猫

黏人程度	★★★★☆
生人友善	★★★★☆
小孩友善	★★★★☆
动物友善	★★★★★
喜叫程度	★★☆☆☆
运动量	★★½☆☆
可训练性	★★★☆☆
御寒能力	★★★★☆
耐热能力	★½☆☆☆
掉毛情况	★★★☆☆
城市适应性	★★★☆☆

品种标准

CFA TICA

我坐着的时候喜欢抬起一只前爪，据说这种姿势代表吉祥如意

白色的短尾猫很常见，但玳瑁色间杂白色的花短尾猫则被认为是大吉大利，三色短尾猫则经常出现在绘画和文艺作品中

趣闻

在日本，经常可以看到土生土长的短尾猫。1968年，一个美国爱猫女性带了一对短尾猫到达弗吉尼亚州，当地人觉得很惊奇，称之为“日本短尾猫”，从此慢慢叫开了。在美国，这种猫经过改良培育，而后跻身于世界著名观赏猫行列，不过它在英国尚未得到承认。

体型：小 | 体重：2.2~4.6千克 | 毛色：多种颜色，常见黑、红、白、玳瑁色和黑白、红白及三色

日本田园猫 Japanese rural cat

性情： *温柔、善解人意、少动好静*

养护： *中等难度*

猫叔（Shironeko）于2002年3月8日诞生于日本岩手县一户农民家庭，它的头出奇大，身体浑圆，头顶、背脊鹅黄，其他都是雪白，喜欢眯眼，喜欢戴墨镜，喜欢顶东西，还喜欢钻进狭小的篮子里睡大觉。主人为它设置博客，每日更新。它以头顶万物的造型、无忧无虑的生活状态和淡定无比的神态被誉为“禅宗大师”和“世界上最知足、悠闲的猫”。知道吗？猫叔的原型就是日本田园猫，即日本土猫。

形态 日本田园猫体型中等偏大，整体给人圆圆胖胖的感觉，头超级大，颧骨处宽。耳朵中等偏小，耳间距宽，向两侧斜立。眼睛大，常眯眯的，吊眼梢。鼻头和嘴粉红色，十分性感。脖颈粗，躯体胖墩墩的，四肢比例协调。全身被毛浓密滑润，底色多见白色，头、颈、背、尾部常有色斑。脚掌圆润，脚趾粉红。尾巴粗胖，毛茸茸的。

被毛柔软、细密，给人油光水滑的感觉，摸起来手感丝滑，十分舒适

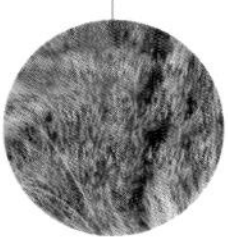

猫叔是和加菲猫一样家喻户晓的猫明星，加菲猫的原型是异国短毛猫，猫叔的原型就是我啦

头特别大，脸特别圆和胖，还喜欢眯起双眼打盹

常爱卧着打盹，给人慵懒嗜睡的感觉，更显得淡泊宁静，故友被称作“禅猫”

产地：日本 | 血统：非纯种短毛猫 | 起源时间：不详

习性 日本田园猫看起来懒洋洋的，眯着眼，神态淡定，悠闲无比，让人心生艳羡。在日本，它的主要工作是看家护院，不过时常溜岗钻进小篮子里睡大觉。它不想睡的时候很活泼，喜欢爬树，跟其他宠物一起玩耍或表演头顶顶物等杂耍。它是和平主义者，时常与世无争地躺着静静地看着周围的一切，故被誉为“禅猫”。做猫达到这种境界可谓高超了吧？它的叫声令人心颤。它的平均寿命为10~15岁。

养护要点 ❶ 每周为它梳毛1次，使其柔顺不纠结，不会患皮肤病。❷ 定期给它洗澡，定时定量定点供食并随时备有清水。❸ 引导它做适量运动，以免它变得过于肥胖并延缓衰老。❹ 在家里给它备有小篮子，方便它钻进去玩耍或睡觉。❺ 营造相对安静的家庭环境，它不喜欢过于吵闹。

猫咪档案

别名：日本土猫

黏人程度	★★★☆☆
生人友善	★★⯨☆☆
小孩友善	★★★★☆
动物友善	★★⯨☆☆
喜叫程度	★☆☆☆☆
运动量	★★⯨☆☆
可训练性	★★★☆☆
御寒能力	★★★⯨☆
耐热能力	★★★☆☆
掉毛情况	★☆☆☆☆
城市适应性	★★★★☆

品种标准

无

趣闻

那只风靡世界的猫叔的脸盘出奇地大，而且喜欢眯眼，所以显得很萌。事实上，我与它相比也不赖。

人们常说我的外形和神态看着就很“可乐”。

体型：中等 | 体重：3.5~7.5千克 | 毛色：多种颜色，常见白底黄斑和白底灰斑纹等

中华田园猫 Chinese rural cat

性情： *聪明、机敏，好奇心重，喜欢追逐猎物*

养护： *容易*

中华田园猫又称土猫，是国内的普通家猫，长期以来在我国民间饲养，用于驱赶老鼠、保护农作物等，当今也被饲养作宠物。

从基因疾病角度上说，人工培育的猫比田园猫容易生病，肠胃弱，需要主人花费的精力大些，而田园猫不容易生病，属于“给点阳光就灿烂”的猫种。

在中华田园猫中，以狸花猫和黄猫最常见，后者以全身黄色而得名

形态 中华田园猫的体型五花八门，取决于上代交配的父母中拥有什么体型的猫，一般公猫体型比较大。头部短圆，耳朵中等大小，基部宽且斜立。颈部长短适中，身躯矫健不臃肿，有着东方的灵巧与紧凑感，四肢比例协调。被毛颜色和斑纹多样，有狸花、三花、白、黑、黑白花、黄色等。脚掌圆润。尾巴中等长度。

从出生到长大，
我的一生通常有15~20年

眼睛颜色多变，有蓝色、鸳鸯眼（两只眼睛颜色不一样）、黄色等多种

如果毛色纯白到没有一丝杂毛，且双眼都是蓝色，则有很大的耳聋概率，这是基因缺陷所致

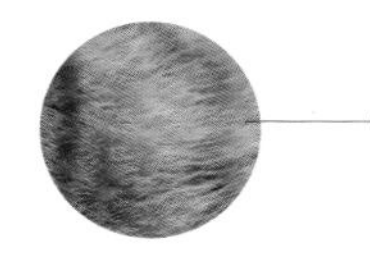

拥有多种毛色、毛长与毛质，如虎斑、乳白、纯白、纯黑等，毛质有多毛、软毛、硬毛等，毛长有长、短、中等长度等

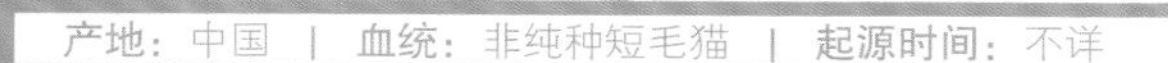

产地：中国 | 血统：非纯种短毛猫 | 起源时间：不详

习性 中华田园猫最大的特点是适应力、抵抗力强，没有一般纯种猫的娇气或健康缺陷。它是野蛮成长、彪悍生存的典型，给点阳光就灿烂，独立、自信，如果从小被饲养，性格和习性可被主人调教而改变。它走路爱用小碎步，吃东西爱小口小口地，十分优雅。闲暇时它爱蹲到窗台赏风景，并用粉红的舌头舔毛。它是抓鼠能手，夜间活动频繁，也会求偶和打架。它的叫声为喵喵。它的平均寿命约15岁。

养护要点 ❶ 经常为中华田园猫梳毛，使其柔顺不纠结。❷ 定时定量定点供食，定期洗澡。❸ 换毛期给它吃适量吐毛球膏。❹ 定期送它去兽医院打疫苗。

猫咪档案

别名：土猫

黏人程度	★★★☆☆
生人友善	★★★☆☆
小孩友善	★★★½☆
动物友善	★★☆☆☆
喜叫程度	★½☆☆☆
运动量	★★★☆☆
可训练性	★★★☆☆
御寒能力	★★★☆☆
耐热能力	★★★☆☆
掉毛情况	★½☆☆☆
城市适应性	★★★★☆

品种标准

无

体型：小至大 | 体重：2.7~7.3千克 | 毛色：多种颜色，常见狸花、三花、白、黑、黑白花和黄色

千百年来，中华田园猫活跃在中国大江南北，在胡同中、房脊上、街坊邻里间、农村和城市均常见，它们是捕捉老鼠的好手。其中黄猫身上的斑纹极像老虎的纹路，又被称为虎斑猫，属于中华田园猫较多的一种，大多数为短毛，有极少数是长毛。

中国狸花猫 Dragon Li cat

***性情：**性格沉稳，感情丰富*

***养护：**容易*

中国狸花猫是我国特有的古老猫种，饲养历史至少有3500年，漫长的进化衍变使其身材大小适中，具备独特的自然生存能力、抗病能力，并拥有完美独特的自然保护毛色，充满温柔的野性——因其斑纹酷似野生狸猫，又被人们亲切地称为“狸花”。2003年，CFA中国长城猫俱乐部申请将中国狸花猫作为中国特有猫种向世界展示，经过七年努力，2010年狸花猫正式进入CFA，从此中国拥有了自己本土的纯种猫。

▲ *人们最熟悉“狸猫换太子”（宋朝）的故事，事实上，我的诞生远早于此，我是在千百年中经过自然淘汰而保留下来的猫种，早已形成忠诚于主人的习惯，十分适合家养*

形态 中华狸花猫体型中等至大，头部呈切宝石型（六角型），耳朵中等或偏小，耳间距适中。眼睛杏核形，外眼梢略微上吊。脖颈短、粗且结实。躯干长、粗壮，胸膛肌肉发达，背部平坦，四肢肌肉发达、粗壮，具灵巧感。全身被毛短且硬，顺贴身体，无厚实绒毛，无蓬松散乱。脚爪椭圆形。尾巴短、直、有力。

整体给人一种威风凛凛、十分雄壮的感觉

被毛油亮有光泽，无厚底绒毛，不耐寒，通常一根毛上三种颜色

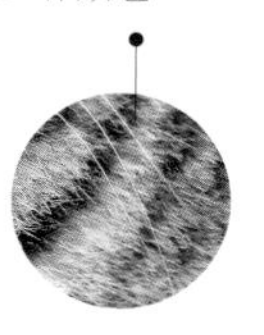

产地：中国 | 血统：纯种短毛猫 | 起源时间：不详

习性 中国狸花猫有个性且独立，与其他宠物友好相处，能容忍孩子的吵闹，喜欢狗，不黏人，但对主人忠心不二。它换了新环境适应快，也喜欢结识陌生人。它智商高，记忆力好，模仿力好，平衡度极佳，受训后能听懂自己的名字和指令，会玩些小把戏。它不爱叫，也不喜欢婴儿和10岁以下的小孩子。它的平均寿命为12~14岁。

养护要点 ❶ 中国狸花猫喜欢空间较大、能够耍开的家庭环境。❷ 它更喜欢户外活动而非待在室内，所以宜经常带它出去玩。❸ 它不太掉毛，个别季节掉得多一些，每周替它梳理1次毛，喂营养均衡的猫粮利于减轻掉毛。❹ 它对天气突然降温比较敏感，请注意防寒。❺它身体强健，不爱生病。

猫咪档案

别名：狸猫

黏人程度	★★★☆☆
生人友善	★★½☆☆
小孩友善	★★★☆☆
动物友善	★★☆☆☆
喜叫程度	★½☆☆☆
运动量	★★★½☆
可训练性	★★★☆☆
御寒能力	★★★☆☆
耐热能力	★★★☆☆
掉毛情况	★½☆☆☆
城市适应性	★★★★☆

品种标准

CFA　CAA

体型：大　|　体重：7~10千克　|　毛色：棕色虎斑为品种标准色

加拿大无毛猫 Sphynx cat

性情： *友好、智慧、感情丰富、温柔*
养护： *容易*

据说1700年前墨西哥土著就饲养过无毛猫。1966年，无毛猫现于加拿大的多伦多，它长相奇异，像来自外星一般，全身看似无毛，实际上被着一层紧贴皮肤的短短绒毛。此后不久，在美国明尼苏达州也发现了无毛猫。一些爱猫人士进行育种，繁育出加拿大无毛猫，随后获得TICA的承认。2005年，该猫被认定为稀有品种。

小猫面部圆，皮肤皱纹多且布满柔细胎毛，长大后绒毛仅残留于头、四肢、尾和身体末端

形态 加拿大无毛猫体型中等，头部呈楔形，棱角分明。耳朵大大的，耸立头顶，颇为招风。脸部呈正三角形，高颧骨，瘦脸颊。眼睛呈柠檬状，大且突出，眼间距较宽。成年猫会腆着大肚皮，胸深，背驼，四肢纤细，肌肉发达。毛发稀疏，耳、口、鼻、尾、脚等部位有薄软的胎毛，其他部分无毛。尾巴像老鼠尾巴，又似长鞭子一样上翘。

产地：加拿大 | 血统：非纯种短毛猫 | 起源时间：1966年

习性 加拿大无毛猫虽然长相奇特，性情却十分老实，脾气好，无攻击性，耐性强，能与其他宠物相处，还似狗那般忠诚和亲近人。它的日视和夜视能力出色，喜欢昼伏夜出，捕鼠、求偶、交配常在夜间进行。它的耳朵敏锐，聆听声音时会转动，生气或受惊时则会垂下。它的叫声常带刺耳音，还爱长时间地大声叫，生气时会咆哮。它繁殖困难，至今数量较少，显得十分珍贵。它的平均寿命为13~15岁。

养护要点 ❶ 加拿大无毛猫爱出汗，体温比普通猫高4℃，要保证猫粮供给以维持其新陈代谢。❷ 宜在公寓里饲养，夏天出去要给它涂防晒霜。❸ 它对温度敏感，既怕冷又怕热，室温宜25~30℃，低于20℃它会感到冷，低于10℃它会被冻死，冬天要添衣物保暖。

猫咪档案

别名：无毛猫

黏人程度	★★★★☆
生人友善	★⯪☆☆☆
小孩友善	★★★☆☆
动物友善	★☆☆☆☆
喜叫程度	★★★☆☆
运动量	★★☆☆☆
可训练性	★★★★☆
御寒能力	★☆☆☆☆
耐热能力	★☆☆☆☆
掉毛情况	⯪☆☆☆☆
城市适应性	★★☆☆☆

品种标准

CFA　FIFe　TICA

AACE　ACFA/CAA　CCA-AFC

体型：中等 | 体重：3.5~7千克 | 毛色：常见棕白色和黑白色

唐斯芬克斯猫 Donskoy cat

***性情：**柔温柔、感情丰富、友好、聪明、容易受训*

***养护：**中等难度*

1987年，俄罗斯的育猫者埃琳娜·科瓦勒夫在罗斯托夫市上唐区发现了一只无毛猫，它并不是加拿大无毛猫（斯芬克斯猫），因为前者是显性基因导致无毛，后者是隐性基因导致无毛。它被命名为唐斯芬克斯猫或俄罗斯无毛猫以示区别，并于1997年获得WCF认证，2005年获得TICA认证。

眼睛颜色和被毛颜色无关，常见金黄色和蓝色
爪垫很厚，看起来像踏云而行

形态 唐斯芬克斯猫体型中等，头部呈V形，前额扁平。耳朵大，直立，稍向前倾，耳端尖。眼睛中等到大，杏仁形。颈部浑圆，身躯滚圆但并不肥胖，骨骼强健，肌肉有力，四肢苗条且结实，同时又十分优雅。足掌椭圆形，脚趾细长。尾巴中等长度，笔直，像鞭子。

皮肤上不被毛或者被短毛，摸起来像毛桃

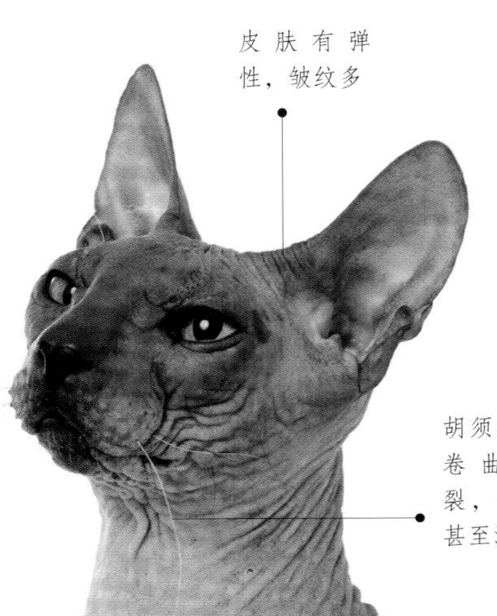
皮肤有弹性，皱纹多
胡须稀疏、卷曲、断裂，长或短甚至没有

产地：俄罗斯 | 血统：非纯种短毛猫 | 起源时间：1987年

习性 唐斯芬克斯猫内心温柔，充满爱意，喜欢社交，爱陪伴各个年龄阶段的主人，并像狗一样对主人忠心不二。它好奇心强，喜欢创造性游戏，很多时候表现得似小孩或小猴子，喜欢人陪伴，不喜孤独。它智商高，很容易训练，能快速掌握主人的指令。除了自卫，它很少发动攻击。它爱叫，平均寿命为12~14岁。

养护要点 ❶ 唐斯芬克斯猫对温度敏感，不耐寒冷也不耐炎热，适合在室内饲养并保持温度适中。❷ 在家中给它开辟“领地”，提供猫爬架、玩具、磨爪器等，若条件允许还可以提供室内花园（不种植有毒植物）。❸ 在清晨和黄昏可以带它出去玩耍一两小时。

猫咪档案

别名：不详

黏人程度	★★★☆☆
生人友善	★★½☆☆
小孩友善	★★★☆☆
动物友善	★★★☆☆
喜叫程度	★☆☆☆☆
运动量	★★★½☆
可训练性	★★★☆☆
御寒能力	★★★★☆
耐热能力	★★☆☆☆
掉毛情况	½☆☆☆☆
城市适应性	★★★★☆

品种标准

FIFe　TICA

体型：中等 | 体重：3.5~7千克 | 毛色：多种颜色，从浅色到深色均见

彼得秃猫 Peterbald cat

***性情：**温柔、好奇、聪明、精力充沛*
***养护：**中等难度*

1994年下半年，在俄罗斯的圣彼得堡，彼得秃猫首次被繁育出来。当时，俄罗斯的猫研究专家奥尔加·米罗诺娃用一只名叫阿菲诺根·米斯的唐斯芬克斯猫跟一只获得世界冠军的东方短毛母猫拉德玛·冯·贾格霍夫进行配种，生下了4只彼得秃猫。1996年，该猫种在俄罗斯获得认证；1997年获得TICA认证；2003年获得WCF认证。

▲ *皮肤带有皱纹，尤其是头部，皮肤温暖且柔软，毛幼细且紧贴皮肤，无毛品种的皮肤摸起来带有黏性*

形态 彼得秃猫体型小至中等，头部呈楔形，耳朵大、耳尖呈圆弧形，眼睛圆大，稍倾斜。躯体瘦长，四肢细长。全身被毛细短，紧贴皮肤。尾巴长且细，像皮鞭子一样。脚爪灵活，带蹼。

足掌上长蹼，有很强的抓握能力，能轻松打开门插销
身形窈窕、优雅，带有东方猫的气质
因带有无毛基因，我生出来长大后可能为无毛或长着短稀毛、短绒毛或全身被短毛等品种
被毛短且密，柔软，摸起来丝滑，像一只有温度的水蜜桃，有些猫的被毛则如一只短毛刷
你见过足掌上长蹼的猫吗？我怎么说也算是一朵奇葩吧

产地：俄罗斯 | **血统：**非纯种短毛猫 | **起源时间：**1994年

习性 彼得秃猫智商高、感情丰富、好奇心强、脾气温顺、热爱和平，能与其他猫、宠物和小孩友好相处，还喜欢跟着人四处转悠。它像狗，对人亲近且忠心耿耿，常喜欢跳到你肩膀上，跟你玩你丢我捡游戏和其他小游戏，并会全速奔跑然后突然停驻或转弯。它喜叫程度一般。它的平均寿命为10~12岁。

养护要点 ❶ 喜欢猫又对猫毛过敏的人最适合饲养彼得秃猫。❷ 它对温度敏感，在寒冷天气里要注意保温，不要放出室外；天气炎热、阳光强烈时不要让它遭受暴晒。❸ 它新陈代谢快（身上若有伤口愈合也很快），比一般猫更能吃，要注意猫粮供应并随时备有清水。❹ 定期给它洗澡，去除体表的油脂和脏污。

猫咪档案

别名：无毛斯芬克斯

黏人程度	★★★★☆
生人友善	★★★☆☆
小孩友善	★★★★☆
动物友善	★★★★☆
喜叫程度	★☆☆☆☆
运动量	★★★½☆
可训练性	★★★☆☆
御寒能力	★★★☆☆
耐热能力	★★☆☆☆
掉毛情况	½☆☆☆☆
城市适应性	★★★★☆

品种标准

TICA ACFA/CAA

眼睛圆大，呈杏仁形，多为金黄色和蓝色、淡蓝色，目光含情，清澈动人

90%的彼得秃猫没有毛发，不能在阳光尤其是烈日下曝晒，否则会被晒伤

体型：小至中等 | 体重：3.6~4.6千克 | 毛色：多种颜色，从浅色到深色均见

中文名称索引

英文名称索引

参考文献

[1] 林政毅，陈千雯. 猫咪家庭医学大百科. 北京：电子工业出版社，2016.

[2] 日本日贩IPS. 猫. 何凝一译. 石家庄：河北科技出版社，2018.

[3] 格尔德・路德维希. 猫咪百科. 南京：译林出版社，2018.

[4] 格尔德・路德维希. 育猫全书. 北京：北京联合出版公司，2017.

[5] 阿尔德顿. 猫：全世界250多种猫的彩色图鉴. 北京：中国友谊出版公司，2005.

[6] 吉姆・丹尼斯・布莱恩. DK世界名猫驯养百科. 郑州：河南科学技术出版社，2015.

[7] 佐草一优. 超人气猫图鉴. 姜昕欣译. 北京： 北方文艺出版社，2012.

[8] 吉姆・丹尼斯・布莱恩. 章华民译. 世界名猫名犬驯养百科图鉴. 郑州：河南科学技术出版社，2015.

图片提供：

www.dreamstime.com

大自然博物馆 百科珍藏图鉴系列
蝴蝶
200种蝴蝶 彩色图谱 识别、鉴赏

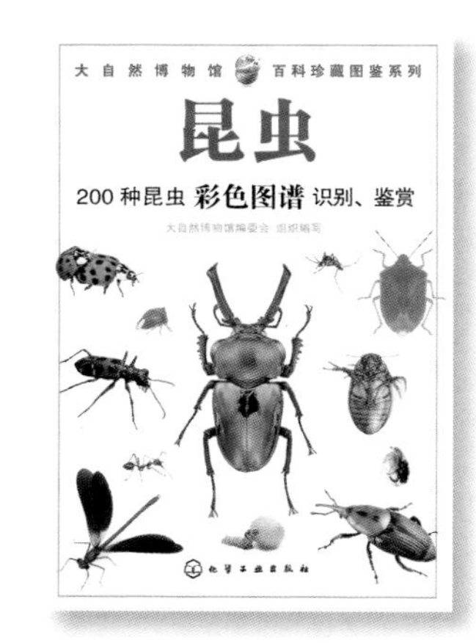
大自然博物馆 百科珍藏图鉴系列
昆虫
200种昆虫 彩色图谱 识别、鉴赏

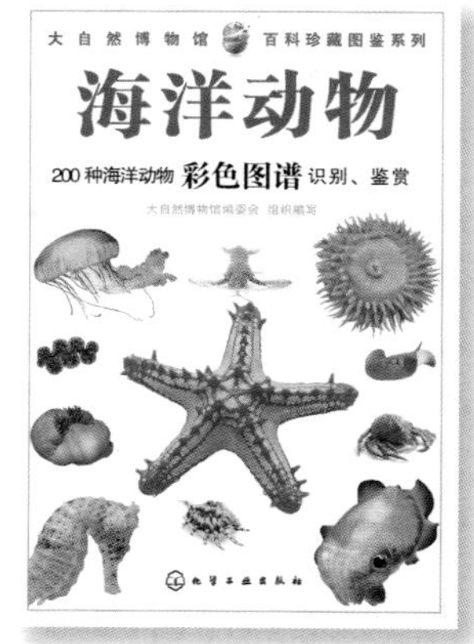
大自然博物馆 百科珍藏图鉴系列
海洋动物
200种海洋动物 彩色图谱 识别、鉴赏

大自然博物馆 百科珍藏图鉴系列
哺乳动物
200种哺乳动物 彩色图谱 识别、鉴赏

大自然博物馆 百科珍藏图鉴系列
两栖与爬行动物
200种动物 彩色图谱 识别、鉴赏

大自然博物馆 百科珍藏图鉴系列
恐龙与史前生命
200种史前动物 彩色图谱 识别、鉴赏